맛있는 연산

맛있는 연산

계산과 연산의 차이부터 수학 공부에
꼭 필요한 연산의 모든 것

초판 1쇄 2022년 5월 31일
초판 2쇄 2024년 9월 2일
지은이 수냐 | **편집기획** 북지육림 | **본문디자인** 운용, 히읗 | **제작** 명지북프린팅
펴낸곳 지노 | **펴낸이** 도진호, 조소진 | **출판신고** 2018년 4월 4일
주소 경기도 고양시 일산서구 강선로 49, 916호
전화 070-4156-7770 | **팩스** 031-629-6577 | **이메일** jinopress@gmail.com

ISBN 979-11-90282-47-5 (03410)

지노 사이다 수학 시리즈 4

맛있는 연산

수냐 지음

계산과 연산의 차이부터 수학 공부에
꼭 필요한 연산의 모든 것

들어가는 글

새롭게 다시 한 번 연산을 보자!

"선생님, 계산과 연산은 어떻게 달라요?"

사칙연산에 대해 강의하던 중에 어떤 학생이 손을 번쩍 들고 물었습니다. 키가 크고 손목에 분홍색 머리띠를 감고 있던 여학생이었습니다. 제가 계산이라는 말과 연산이라는 말을 섞어서 말하다 보니 궁금해졌다고 그러더라고요.

꽤 오래전 일인데도 그 장면은 잊히지 않습니다. 솔직히 뭐라고 답해야 할지 잘 몰랐기 때문입니다. 질문을 받고 적잖이 당황했더랍니다. 자주 사용하는 말이었기에 모른다고 하기에는 창피했던지, 주저리주저리 떠들면서 얼버무렸습니다. 아마 그 학생은 '저 선생님도 잘 모르시는구나!' 하며 비웃었을 겁니다.

계산이란 말은 일상에서도 많이 사용됩니다. 계산이 무엇인지에 대해서는 감이 확실합니다. 그에 비해 연산이란 말은 수학에서만 사용됩니다. 국어사전을 봐도 수학과 관련한 설명뿐입니다. 사칙연산, 문자나 식의 연산, 집합의 연산처럼 연산의 구체적인 경우를 배우고 익힙니다.

그런데 정작 우리는 연산 자체에 대해서는 잘 다루지 않습니다. 교과서에도 연산의 뜻을 설명하는 대목은 없습니다. 그저 연산의 다양한 사례를 배울 뿐이죠. 그러다 보니 저도 연산 자체에 대해서 생각해보지 않고 지나쳤던 겁니다. (변명하자면 그렇습니다.)

그 사건 이후 저는 정신을 좀 차렸습니다. 연산에 대해 탐구를 해봤죠. 알아볼수록 '알아보기를 참 잘했구나' 싶었습니다.

저는 예전에 연산을 계산과 비슷한 거라고 생각했던 것 같습니다. (알고 보니 그랬더라고요.) 계산이라는 말을 좀 더 수학적으로 표현한 말쯤으로 봤던 거죠. 하지만 계산과 연산은 비슷하면서도 매우 다른 말이었습니다. 단순하고 반복적인 계산과 달리, 연산은 매우 창의적이기까지 했습니다.

컴퓨터와 인공지능 시대를 맞이해 연산이 주목받습니다. 계산수학이 중요한 분야로 발전 중이고요. 인공지능에서 연산이 큰 역할을 한다고 합니다. 컴퓨터의 연산 능력이라는 말도 자주 언급됩니다. 연산의 시대인가 봅니다.

수학에서 연산은 필수적입니다. 연산을 안 할 도리는 없습니다. 연산이 뭔지, 연산을 어떻게 하는지를 구체적이면서도 정확하게 이해할 필요가 있습니다. 그러면 다양한 연산의 사례를 공부하는 게 아주 수월해집니다. 모르는 연산 문제를 마주치더라도 당황하지 않고 대처할 수도 있고요. 새로운 연산을 창조해내는 것도 가능합니다.

반성의 마음을 담아, 연산을 쉽고 깊게 소개해주는 책을 써보고자 노력했습니다. 각종 연산을 하면서 수학살이 중이신 분들에게 실질적인 도움이 되면 좋겠습니다. 제 글을 멋진 책으로 만들어주신 지노 출판사의 편집자님과 도진호 대표님께 감사드립니다.

2022년 5월

수냐 김용관

차례

3부) 연산, 어떻게 공부할까?

4부) 연산, 어디에 써먹을까?

5부) 인공지능 시대의 연산

입 닥치고 계산이나 하라고?

아니지……

계산해보게 입 좀 닥쳐봐!

Shut up and calculate?

No……

Shut up to calculate!

1부

연산, 왜 배울까?

01

지긋지긋한 미운 오리 새끼

'연산'이라고 하면 괜히 어렵다. 잘 알지도 못하는 외국어를 쓰는 사람과 마주한 기분이다. 가급적 피하고 싶어진다. 어려워할 것 없다. 연산, 우선은 계산이라고 생각하자. '아, 계산? 그건 내가 아주 잘 알지. 아무 생각 없이 더하고 빼는 지긋지긋한 수학이잖아.'

지긋지긋한 연산

"안녕! 15 더하기 7은 22. 22 더하기 6은 28. 담뱃불 붙일 시간이 없구나. 26 더하기 5는 31이라. 휴! 그러니까 합이 5억 1백 62만 2천 7백 31이군."

"5억이라니 뭐가 5억 개예요?"

"응? 너 아직 거기 있었니? 5억 1백만……. 아, 뭐가 뭔지 모르겠다. 할 일이 너무 많아. 나는 중요한 일을 하는 사람이야. 잡담할 시간이 없어! 2 더하기 5는 7……."

"뭐가 5억 개란 거지." •

소설 『어린 왕자』에서 어린 왕자가 사업가와 대화를 나누는 장면이다. 그는 사업가의 별에 살면서 열심히 계산 중이다. 연산 중인 거다. 제 딴에는 엄청 중요한 일이라지만, 어린 왕자가 보기에는 한심하다. 재미도 없고, 반전도 없는 일을 무척 잘해내고 있다.

솔직히 연산은 지루하고 따분하고 단순 반복적이다. 재미라

• 『어린 왕자』, 생텍쥐페리, 박성창 옮김, 비룡소, 2008, 49쪽.

고는 찾아볼 구석이 없다. 문제를 풀어 답을 구하려면 연산을 안 할 도리는 없지만 정말 하기 싫다. 빨간 펜을 든 선생님이 쳐다보기라도 하신다면 손이 떨린다. 연산, 정말 지긋지긋하다. 번듯한 계산기나 컴퓨터가 있는데 굳이 해야 하나 싶다. 수학계의 미운 오리 새끼다.

코펜하겐 해석이 말하는 게 무엇인지

한마디로 요약해보라고 한다면,

'입 닥치고 계산이나 해!'가 될 것이다.

If I were forced to sum up in one sentence

what the Copenhagen interpretation says to me,

it would be 'Shut up and calculate!'

—

물리학자 데이비드 머민(David Mermin, 1935~)

연산 탓에 수학도 지긋지긋하다

$$x^2-2x-3=0$$

$$\begin{array}{llll} 1 & \diagdown\!\!\!\!\diagup & -3 & -3 \\ 1 & & 1 & 1 \end{array}$$

$$(x-3)(x+1)=0$$

$x=3$ 또는 $x=-1$

방정식을 인수분해로 풀어냈다. 도중에 연산이 나온다. 인수분해가 아닌 근의 공식을 적용하더라도 역시나 연산과 마주친다. 수학에서 연산을 피할 길은 없다. 수를 다루다가도, 방정식을 풀다가도, 함수나 확률을 공부하다가도 연산과 부딪친다. 연산과 거리가 가장 멀어 보이는 도형을 공부할 때도 연산은 반드시 튀어나온다. 모든 수학은 연산을 거쳐간다.

연산은 수학에서 정말 중요하다. 하지만 고도의 창의성이나 기발한 아이디어가 필요한 것은 아니다. 그런 건 필요 없다. 정해진 규칙에 따라 하나하나 틀리지 않게만 하면 된다. 그런데도 연산이 중요한 이유는, 연산이 틀리면 답이 틀리기 때문이다. 연산

없이는 답도 없다. 답을 얻으려면 반드시 연산을 해야 한다.

수학은 연산과 더불어 시작한다. 수를 세고, 수를 계산하면서 수학의 여정은 시작된다. 초등학교 시절에 가장 중점을 두는 분야도 연산이다. 어느 한 군데도 틀림없이, 그것도 순식간에 계산할 수 있도록 연습하고 또 연습한다.

연산을 잘하면 수학에 재능이 있다는 평가를 받는다. 수학자 가우스도 연산으로 그의 재능을 세상에 확실히 드러냈다. 1부터 100까지의 합을 기발한 방법으로 계산하면서 수학자로서 두각을 보였다. 천재 중의 천재로 불리는 존 폰 노이만도 일곱 살 때 여덟 자리의 나눗셈을 해내면서 수학적 재능을 뽐냈다.

수학하는 내내 연산은 이어진다. 수학자 하면 떠오르는 이미지는 종이 위에 식을 쓰며 골똘히 계산하고 있는 모습이다. 수학에 대한 이미지의 상당 부분을 연산이 차지한다. 그래서일까? 연산을 지긋지긋해하듯, 수학을 지긋지긋해하는 이가 많다.

생각도 하기 전에 계산을 시작한다는 게 문제다.

The problem is you start calculating before you start thinking.

—

물리학자 필립 워런 앤더슨(Philip Warren Anderson, 1923~2020)

연산, 한때는 수학의 전부였다

연산을 지긋지긋해하는 모습을 이해 못할 바는 아니다. 연산은 독특한 개념을 품고 있지도 않다. 유레카를 외치게 하는 기발한 아이디어가 쏟아지지도 않는다. 호기심을 유발하는 매력도 별로다. 하지만 연산은 오랫동안 수학에서 무척 중요한 위치를 차지해왔다. 연산을 한다는 것 자체가 수학을 한다는 것과 같을 정도였다.

고대문명에서 연산은 특히 중요했다. 국가의 재산을 관리하고 분배하기 위해서는 연산이 필요했다. 사람이나 물자를 집계하고 관리해야 했다. 고대 이집트의 수학이 기록된 파피루스에는 계산 문제가 많다. 분수를 포함한 사칙연산, $\frac{2}{63}=\frac{1}{42}+\frac{1}{126}$처럼 하나의 분수를 여러 분수의 합으로 고치는 계산, 비율에 따라 크기를 나누는 계산 등이 포함되었다.

고대 중국에서도 계산은 곧 수학이었다. 기원전에 쓰였던 수학책에는 제목 자체에 계산이라는 말이 포함되어 있다. 『구장산술』이라는 책인데, 아홉 가지 장으로 이뤄진 계산의 기술이라는 뜻이다. 분수를 포함한 각종 계산법이 장별로 소개되어 있다.

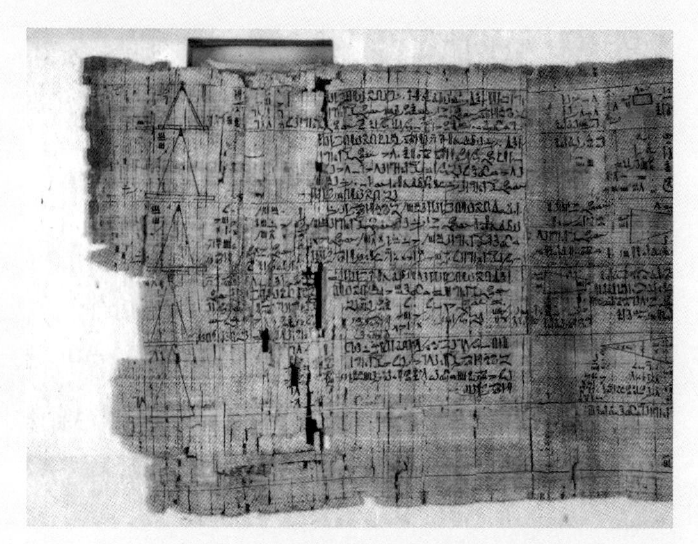

고대 이집트의 파피루스

삼각형이 여러 개 보인다.

연산을 다룬 수학 문제가 많다.

연산을 위해 연산표도 만들어놓았다.

연산을 잘하는 게 중요했다.

—

출처: britishmuseum.org

원주율은 연산의 중요성을 잘 보여준다. 그리스의 수학자 아르키메데스는 3.14라는 원주율의 값을 제시했다. 아이디어도 아이디어이지만, 그의 연산 능력 덕분이었다. 탁월한 연산 능력으로 보다 정확한 원주율의 값을 얻어냈다.

근대의 아이작 뉴턴도 직접 연산을 하면서 만유인력의 법칙이나 미적분 같은 업적을 쌓아 올렸다. 21세기 최고의 수학 미스터리인 리만 가설도 연산과 관련 있다. 수학자 리만은 연산 결과를 보고서 가설을 제시했다. 수학은 연산을 따라 발전해왔다.

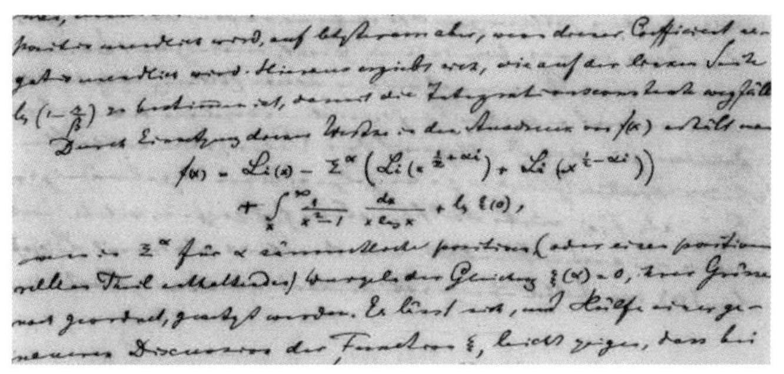

리만 가설을 만들어낸 리만의 노트(1859) 리만은 손수 계산해서 제타함수의 근을 4개 구해봤다. 그 근들의 공통점을 보고서 근에 대한 가설을 제시했다. 그 가설은 아직도 풀리지 않고 있다. 가설을 확인하기 위해 컴퓨터는 지금도 계산 중이다. (출처: https://www.claymath.org/notes-1859-manuscript)

02

알고 보니 백조

연산, 학생들에게는 고역이다. 사막 길을 터벅터벅 걸어가는 낙타가 짊어진 짐 같다. 싫다고 냅다 버릴 수도 없다. 수학하는 환경이 바뀌면서 연산의 중요성은 줄어드는 듯했다. 창의적 아이디어가 더 중요해졌다. 그러나 최근에 연산은 다시금 중요해졌다. 알고 보니 정말 백조였다.

연산, 안 할 수는 없을까?

미우나 고우나 수학은 연산과 동행해야 한다. 수학과 연산, 수학자와 연산은 분리될 수 없다. 연산 능력은 수학하는 사람이 기본으로 갖춰야 할 요소다. 하지만 수학자에게도 연산은 힘든 작업이었다. 어쩔 수 없이 하기는 하지만, 가급적 하고 싶지 않아 했다. 가우스가 좋은 사례다.

가우스는 연산을 아주 잘했다. 틈틈이 시간을 내서 자연수 하나하나를 직접 계산해봤다. 소수인지 합성수인지를 알아내 분

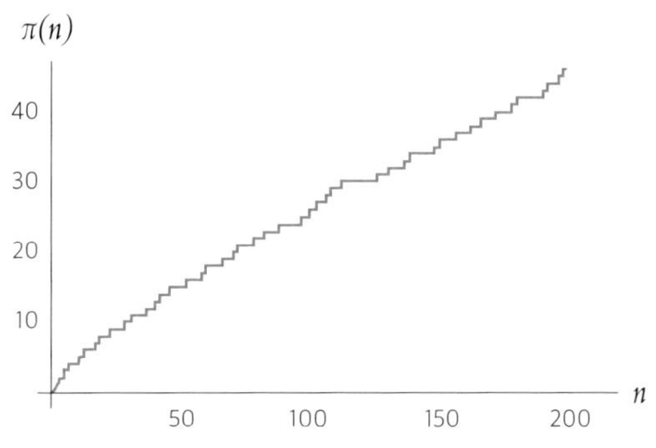

소수의 개수와 소수 정리 π(n)은, 자연수 n보다 같거나 작은 소수의 개수이다. 가우스는 틈날 때마다 15분씩 투자해 100만 정도의 수까지 계산해봤다. 그 개수에 대한 근사식을 제시했다. 그것이 소수 정리다. 연산이 가져다준 수학의 보물이다.

류해서, 소수의 개수를 세어봤다. 그 자료를 바탕으로 소수에 관한 정리도 발표했다. 그 정도로 계산을 아주 잘했다.

그런데도 가우스는 계산 능력이 탁월한 사람을 알게 됐을 때 협업을 시도했다. 요한 다제라는 사람이다. 그는 오로지 계산을 잘하는 사람이었다. 100자리 수의 곱셈도 암산으로 해냈다. 가우스는 그의 계산 능력을 활용해 원주율을 소수 205자리까지 계산해냈다. 가우스도 따분하고 기계적인 계산을 가급적 안 하려고 했다.

연산은 수학과 한 몸이었다. 수학자라면 연산의 짐을 기꺼이 짊어져야 했다. 그래도 수학자들은 연산을 가급적 피하고 싶었다. 따분하고 지긋지긋한 건 마찬가지였다. 창의적인 다른 일에 몰두하고 싶었다. 그러려면 연산을 도맡아줄 뭔가가 필요했다.

계산에는 장점이 많다.

그러나 누구도 계산 자체를 좋아하지는 않는다.

Calculation has its advantages,

but no one likes naked calculation.

—

작가 리치 로리(Rich Lowry, 1968~)

컴퓨터, 연산의 위상을 떨어뜨리다

연산은 틀리기도 쉽다. 정신을 바짝 차리지 않으면 실수 하나로 답이 어긋나버린다. 수학을 잘한다는 사람도 걸핏하면 연산에서 오류를 일으킨다. 이런 어려움 때문에 수학자들은 고대부터 연산을 도와줄 도구를 만들어냈다.

주판은 고대부터 사용되어온 대표적인 연산 도구다. 고대의 수 표기법은 수의 계산에 적당하지 않았다. 그래서 계산을 위해 주판 같은 별도의 도구를 활용했다. 계산 따로 숫자 표기 따로 했다. 이 구분을 없앤 게 아라비아 숫자다. 아라비아 숫자는 종이 위에 숫자를 써가면서 계산할 수 있다. 이 때문에 아라비아 숫자가 정착할 수 있었다.

자주 사용되는 계산 값을 모아둔 표도 연산 도구로 활용되었다. 구구단도 그런 표이다. 제곱표, 세제곱표, 제곱근표, 세제곱근표, 로그표 등 다양했다. 계산 중 그 표를 보면서 계산했다.

컴퓨터는 계산을 도와준 결정적 도구였다. 사실 컴퓨터는 계산을 대신하기 위한 목적으로 처음 등장했다. 계산기가 컴퓨터로 발전한 것이다. (자세한 내용은 5부에서 다룬다.)

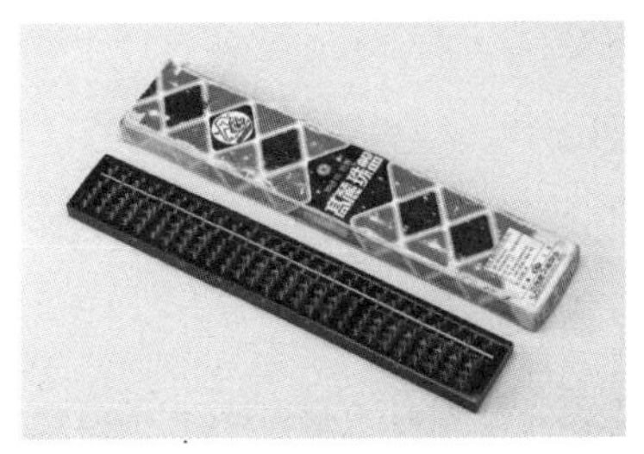

계산기 이전의 계산도구, 주판 한때 가장 대중적인 계산도구였다. 주판을 활용한 계산술을 '주산'이라 했다. 학교나 학원에서 배울 정도로 중요했다. 우리나라에는 1400년경 조선 초기에 소개되었다.

카시오 계산기 광고(1981) 계산기는 사람보다 훨씬 빠르고 정확하게 계산을 해낸다. 계산기를 소유한다는 건, 신속하고 정확하게 계산하는 뇌를 갖고 있는 것과 같다.

컴퓨터는 이전의 도구들과 달랐다. 주판 같은 도구는 사람이 처음부터 끝까지 조작해야 한다. 하지만 컴퓨터는 입력만 해주면 끝이다. 입력만 제대로 하면 계산 과정 전부를 컴퓨터가 알아서 해준다.

모든 계산을 처음부터 끝까지 자동으로 해내는 컴퓨터가 등장한 것이다. 계산이라는 짐을 과감하게 내려놓을 수 있었다. 사람이 굳이 계산할 필요가 사라져갔다. 계산을 공부할 필요성도 줄었다.

컴퓨터,
연산의 위상을 다시 드높였다

인생이란 정말 알 수 없다. 어제의 적이 오늘의 친구가 되고, 오늘의 약점이 내일의 강점이 되곤 한다. 연산에게도 그런 일이 일어났다. 컴퓨터로 인해 위상이 추락했던 연산은, 컴퓨터로 인해 다시금 위상이 높아졌다.

컴퓨터는 이제 수학의 주요 무대가 되었다. 수학의 일부인 연산만 하는 게 아니라, 연산을 포함한 수학 전반을 해내는 도구로 발전했다. 계산만 잘하던 사람이 두루두루 능통한 수학자가 된 셈이다.

사람과 컴퓨터의 가장 큰 차이는 연산 능력이다. 사람의 연산 능력에는 한계가 많다. 그렇기에 사람은 연산보다는, 창의적인 아이디어를 통해 문제를 해결해왔다. 하지만 컴퓨터는 초당 수백조 번 이상의 계산을 해낸다. 특별한 아이디어가 없더라도 웬만한 문제를 계산으로 푼다.

지금의 인공지능은 컴퓨터의 연산 능력이 있어 가능했다. 바둑에서 이세돌을 이겼던 인공지능 알파고는 연산을 잘했다. 알파고는 사람의 뇌세포 구조를 본뜬 심층신경망 구조를 취했다. 알

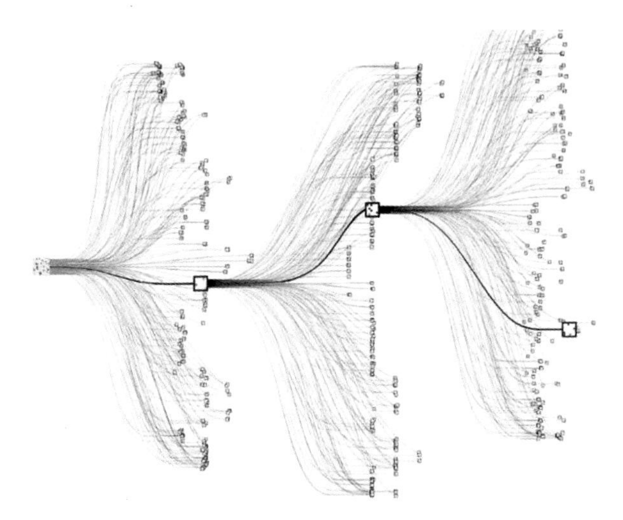

알파고의 탐색 알고리즘 알파고는 무식하게 모든 경우를 다 따져보지 않는다. 트리 탐색의 방식으로 해결책을 찾아간다. 확률을 계산해 가장 좋은 경로를 선택하며 선택지를 좁힌다. 그렇게 해서 최종 선택지가 결정된다. (출처: https://www.ajudaily.com/view/20160202145621103)

고리즘의 기본 원리는 트리 탐색이었다. 경우의 수를 '잘' 따져가며 이길 확률이 가장 높은 수를 선택했다. 연산이 알파고의 주된 수단이었다.

컴퓨터는 연산을 무기로 해서, 기존 수학이 풀지 못하는 문제를 해결해가고 있다. 바둑도 게임도, 음악이나 그림도, 언어 번역도 사람 이상으로 잘해낸다. 알고리즘을 통해 가장 좋은 해결책을 계산한다. 연산하면서 모든 문제를 풀어간다.

연산이 다시금 중요해졌다. 사람이 아닌 컴퓨터에 의한 연산이다. 20세기 중반부터는 연산을 통해 문제를 해결해가는 분야인 계산수학(computational mathematics)이 등장했다. 계산수학은 연산을 다시 보게 한다. 연산이란 뭔지, 어떤 연산이 가능한지, 연산을 어떻게 활용할 수 있는지 달리 생각해봐야 할 필요가 있다. 연산을 달리 봐야 할 때가 되었다.

우리는 현재 3차 지적 혁명의 한가운데에 있다.

1차는 뉴턴과 함께 왔다. 행성은 물리 법칙을 따른다.

2차는 다윈과 함께 왔다. 생물학은 유전 법칙을 따른다.

오늘날의 3차 혁명에서 우리는 정신과 사회까지도,

계산으로 간주될 수 있는 상호작용의 법칙에서 나온다는 것을 깨달았다.

모든 것은 계산이다.

We're presently in the midst of a third intellectual revolution.

The first came with Newton: the planets obey physical laws.

The second came with Darwin: biology obeys genetic laws.

In today's third revolution, were coming to realize that even minds and

societies emerge from interacting laws that can be regarded as computations.

Everything is a computation.

—

수학자이자 컴퓨터과학자 루디 루커(Rudy Rucker, 1946~)

2부

연산, 무엇일까?

03

계산,
연산의 시작이었다

연산이 무엇인지 슬슬 탐색해보자. 다소 어렵게 들리는 연산, 바로 상대하기에는 버거운 감이 있다. 생각을 좀 풀어줄 겸 연산보다 만만해 보이는 것부터 상대하자. 그 상대는 계산이다. 영어로는 calculation.

계산과 연산, 같은 듯 다르네

$3+4\times 6\div 2-5$

$=3+24\div 2-5$

$=3+12-5$

$=10$

혼합계산 문제다. 혼합계산이라고 하지, 혼합연산이라고 하지는 않는다. 혼합연산이라고 하면 틀릴까? 그렇지는 않다. 혼합연산이라고 해도 되지만, 혼합계산이라는 말이 일반적으로 쓰인다. 사칙연산이라는 말은 혼합계산의 경우와 조금 다르다. 사칙계산이라는 말이 섞여서 사용된다. 사전에서도 두 말이 같이 검색된다.

연산이라는 말만 사용되는 경우도 있다. 집합의 연산, 논리연산이 그렇다. 집합의 계산이라고 하지 않는다. 규칙으로 정해놓은 건 아니지만, 연산이라는 말을 사용한다.

계산과 연산, 비슷한 것 같지만 다르다. 계산보다는 연산이 더 큰 개념이다. 연산은 계산을 확장한 개념이다.

계산,
수에 대해 사용된다

친구들끼리 음식을 먹고 난 다음 '계산하고 나와라'라고 말한다. 돈을 지불하라는 뜻이다. 물건을 이것저것 구입하고 난 다음 '계산해보라'고 한다. 총액이 얼마인지 셈을 해보라는 것이다. 무슨 일을 할 때 이해타산을 잘 따져보는 사람을 '계산적'인 사람이라고 한다. 이익과 손해에 민감한 사람이다.

계산이라는 말은 수와 더불어 사용된다. 보통 물건 값이나 들어가는 총 비용이 얼마인지 확인할 때 계산을 한다. 수학에서도 분수와 소수의 계산이라 하고, 혼합계산이라 한다. 넓이와 부피를 계산한다. 주로 초등학교 과정의 수학에서 등장한다.

초등수학에서는 거의 계산이라는 말을 사용한다. 사칙연산보다는 사칙계산이라고 한다. 초등수학이 자연수, 분수, 소수에 국한된다는 점과 잘 맞아떨어진다. 수를 대상으로 한 수학이기에 계산이라고 한다.

계산의 한자를 보면, 수와 계산의 관계가 더 명확해진다. 계산의 계(計)를 보라. 열(十)을 말한다(言)는 뜻이다. 하나, 둘 하면서 열까지 센다. 열 개씩 묶어서 수를 센다는 의미도 포함되어 있

산통과 산가지 계산할 때 사용되었던 도구다. 한자 산(算)이 들어가 있다. 대나무 가지인 산가지를 세는 것이 계산이다. 산가지를 넣은 통이 산통이다. '산통을 깬다'고 할 때의 그 산통이다. © 국립민속박물관

다. 계산의 산(算)은 '셈 산'이다. 물건의 개수를 센다는 것으로, 수를 파악한다는 뜻이다. 算에는 대나무(竹) 변이 포함되어 있다. 옛날에 수를 세거나 계산할 때 대나무로 만든 산가지를 활용한 데서 비롯되었다.

계산은 수를 센다는 뜻이다. 사물이나 현상의 크기를 수로 파악하는 게 계산이다. 손가락을 꼽아가면서, 주판을 튕겨가면서, 종이에 써가면서 수를 세는 것이다. 그래서 수를 세는 것이 중심이었던 예전의 수학을 산수라고 불렀다.

산술을 거부하는 사람은 말도 안 되는 소리를 하게 될 운명이다.

He who refuses to do arithmetic is doomed to talk nonsense.

—

컴퓨터 공학자 존 매카시(John McCarthy, 1927~2011)

계산, 수로 크기를 파악하는 것이다

계산은 수를 세는 것이다. 인원이 몇 명이고, 물건이 몇 개이고, 돈이 얼마인가를 파악하는 것이다. 대상을 하나하나 짚어가면서 개수를 파악한다. 이에 적당한 영어 단어는 calculation이다. 이 단어는 칼쿨리(calculi)로부터 만들어졌다. 칼쿨리는 개수 하나에 해당하던 조약돌이다. 칼쿨리의 개수가 곧 수였다.

계산이라는 말은 수를 대상으로 한다. 여기서 수란 대체로 셀

고대 메소포타미아의 칼쿨리 진흙으로 모양을 만들어 구워서 사용했다. 모양과 크기를 달리해서 수의 크기를 구분했다. 칼쿨리를 세면 개수를 알 수 있다. 칼쿨리를 세는 것이 계산이었다. (출처: https://www.maa.org/press/periodicals/convergence/mathematical-treasure-mesopotamian-accounting-tokens)

수 있는 수, 크기가 직관적이고 구체적인 수다. 0보다 큰 수인 자연수, 분수, 소수다. 세기 어려운 수인 음수나 무리수, 구체적인 크기가 아닌 문자나 수식 같은 수에는 계산이라는 말이 잘 어울리지 않는다.

계산은 연산의 시작이다. 그렇기에 계산에는 연산의 기초적이고 기본적인 의미가 담겨 있다. 3+4를 계산한다는 것은, 두 수를 더한 크기가 최종적으로 어떻게 되는가를 수로 표현하는 것이다. 양과 크기의 변화를 수로 포착하는 게 계산이다.

사람들이 남편에게 '워싱턴으로 무엇을 가져왔는지'를 물을 때,

남편이 하는 말 중 하나는

'글쎄, 계산술을 가져왔지'였다.

You know, one of the things my husband says when people say

'Well, what did you bring to Washington,' he said,

'Well, I brought arithmetic.'

—

정치인 힐러리 클린턴(Hillary Clinton, 1947~)

04

1+1=1의 규칙이 지배하는 세계다

수학은 수로부터 시작되었다. 그 수를 세고 파악하는 게 계산이었다. 연산은 계산의 한계 지점에서 탄생했다. 계산을 업데이트한 것이 연산이었다. 계산이 연산으로 발전한 과정을 통해서, 연산은 계산과 어떤 점이 다른지 살펴보자.

계산, 뭔가 어색하다

계산은 자신에게 주어진 일을 성심껏 수행했다. 오라는 곳이 있으면 언제든 가서 사람들의 눈이 되어주었다. 계산을 통해 사람들은 이익인지 손해인지 이해타산을 따져보았다. 타산(打算)은, 계산을 위해 계산도구를 두드려본다는 뜻이었다.

그런데 계산을 수행하기 곤란한 경우가 발생했다. 세기 어려운 수들이 등장했다. -3, -4 같은 음수나 $\sqrt{2}$나 π 같은 무리수가 골칫거리였다. -3개라든가 $\sqrt{2}$개라는 건 그 의미가 명료하지 않았다. $-3-(-5)$ 같은 계산을 어찌해야 할지 난감했다. 세는 행위로서의 계산은 양의 유리수에서나 잘 통했다. 양수가 아닌 음수, 유리수가 아닌 무리수에서는 계산을 한다는 게 무척 어색했다.

x, y, z 같은 문자도 문제였다. 문자는 분명히 수지만, 그 크기는 확정되지 않았다. 미지수로서의 문자나, 변수나 상수로서의 문자는 모두 그 크기가 정해지지 않았다. 크기도 모르는 것들을 대상으로 셀 수는 없었다. $a+b$, $xy-x-y$처럼 문자를 계산한다는 것 역시 난처한 일이었다.

수가 아닌 대상들도 등장했다. 문자와 식은 물론이고, 방정식이나 함수, 확률이나 집합 같은 대상도 출현했다. 그 대상들도 수처럼 더하고 뺄 수 있어야 했다. 그래야 그 대상들을 매개로 한 새 수학을 발전시킬 수 있었다. 집합끼리 더하고 빼거나, 함수끼리 곱하고 나누는 것도 생각해봐야 했다.

계산을 업데이트하라!

계산을 업데이트해야 했다. 셀 수 있는 수가 아닌 대상도 수처럼 계산할 수 있어야 했다. 그래야 더 많은 대상을 수학의 품에 안을 수 있었다.

사실 계산에는 특별한 의미나 방법이 없었다. 크기를 세어보면 끝이었다. 2+3을 계산하려면 휴대폰 2대에 휴대폰 3대를 더해보면 된다. 총 몇 대가 되는지 세어보면 계산은 종료된다. 수대로 더하고 뺀 다음에, 결과적으로 남아 있는 크기를 세어보면 된다.

그렇게 계산이 가능하기 위해서는 조건이 있었다. 셀 수 있는 수여야 했다. 이 조건을 고집하는 한, 계산을 수정해갈 수 없었다. 이 조건을 떼어버려야 했다. 몸이 더 가벼워야 했다. 불필요한 조건을 떼어버린다는 건 더 추상화된다는 말과 같다. 계산은 한 차원 높게 추상화되어야 했다.

산술은 답이 맞고, 모든 것이 훌륭하고,

창밖으로 푸른 하늘을 내다볼 수 있는 곳이다.

아니면 답이 틀리고, 처음부터 다시 시도하며,

이번에는 어떻게 나오는지 확인해야 하는 곳이다.

Arithmetic is where the answer is right and everything is nice

and you can look out of the window and see the blue sky -

or the answer is wrong and you have to start over and try again

and see how it comes out this time.

—

시인 칼 샌드버그(Carl Sandburg, 1878~1967)

연산은 규칙이다

계산에 특별한 의미나 방법은 없었다. 크기의 변화를 따라 계산하면 그만이었다. 그렇다고 계산이 아무렇게나 되는 건 아니었다. 2+3은 오직 5였다. 다른 어떤 수가 될 수 없었다. 계산이 임의로 막 되는 건 아니었다. 3과 2가 더하기(+)와 만나면 5와 대응한다. 3+2=5. 3과 2가 빼기(−)와 만나면 1에 대응했다. 3−2=1. 다른 그 어떤 수와도 대응하지 않는다. 분명한 규칙이 있었다.

계산은 일정한 규칙이었다. 수와 수를 연결하는 규칙이었다. 그 규칙을 결정하는 건 계산의 종류였다. 더하기와 빼기가 다르기에 계산 규칙도 달랐다. 계산을 한다는 건, 정해진 규칙에 따라 수와 수를 결합해 다른 수와 연결하는 것이었다.

계산을 규칙으로 해석하면, 계산하지 못할 대상이 없다. 대상에 따라 적절하게 규칙만 정해준다면 계산은 얼마든지 가능해진다. 어떤 규칙의 계산인지만 명쾌하게 정의해주면 된다.

이제 계산의 의미는 확장되었다. 이전의 의미를 포함하지만, 이전과는 사뭇 달라졌다. 그래서 계산 대신에 다른 명칭을 부여

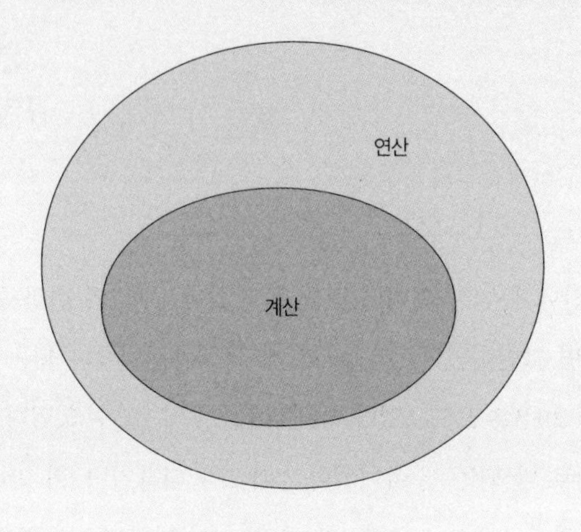

연산은 계산이 추상화된 것이다.

'세기 어려운 수'나 '수가 아닌 대상'도

다루기 위해 계산의 조건과 의미를 수정했다.

의미는 넓히고, 조건은 더 단순화했다.

계산보다 더 넓고 추상화된 개념인

연산이 만들어졌다.

했다. 그게 바로 연산이다. 연산은 계산을 추상화한 결과물이다.

연산이란 그저 규칙일 뿐이다. 수와 수, 대상과 대상을 결합하는 규칙이다. 그 규칙은 모순이 없고 명료해야 했다. 설정하기 나름이라지만, 허점이 하나도 없이 설정되어야 했다.

	계산(calculation)	연산(operation)
대상	(셀 수 있는) 수	수와 수학적 대상
의미	크기를 파악하는 것	대상의 연결 또는 결합
방법	개수를 센다.	규칙에 따른다.

* 계산과 연산의 차이는 사실 명확하지 않다. 대강 이렇다는 것이다. 사람에 따라 상황에 따라 뒤섞여 사용된다는 점을 기억해두자.

연산에서,
1+1=10이다

<

$6+2=8$

$6-2=4$

$6\times2=12$

$6\div2=3$

사칙연산이다. 다른 연산은 다른 기호로 표현된다. 좌변에는 수와 연산 기호가 있고, 우변에는 그 결과인 하나의 수가 있다. 각 연산에서 달라지는 것은, 연산 기호와 우변의 수다.

연산

수 2개, 기호 1개 ⟶ 수 1개

사칙연산은, 수 2개와 기호 1개를 하나의 수에 대응시킨다. 규칙에 따라 수와 수를 대응시키는 함수다. 수 2개와 기호 1개가 입력되면, 수 1개가 출력된다. 아무런 수가 출력되는 게 아니다. 연산마다 정해진 규칙에 따라 출력될 수가 결정된다. 수 하나가

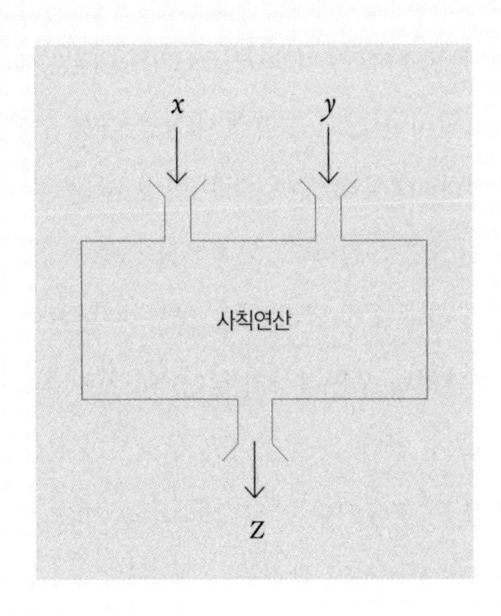

사칙연산은 두 개의 수를 하나의 수에 대응시키는 함수다.

연산은 어떤 대상을 다른 대상으로 바꾸는 작용이다.

대상이 꼭 두 개란 법은 없다.

하나의 대상을 다른 대상으로 바꾸는 연산도 있다.

다른 수를 만나, 또 다른 수가 되는, 1+1=1이 되는 세상이다.

연산이란, 하나 이상의 수학적 대상을 다른 수학적 대상으로 바꾸는 작용이다. 대상이 꼭 두 개여야만 하는 게 아니다. 대상 하나에 대한 연산도 가능하다. 사칙연산만 있는 게 아니다. 대상에 따라 연산의 종류 또한 달라진다. 정의하기 나름이다.

연산은 계산처럼 수동적이지 않다. 대상에 맞게 필요한 연산을 새로 정의할 수 있다. 능동적이고 창의적인 활동이다. 그래서 연산을 작용 또는 수술이라는 의미를 품은 operation이라고 한다. 수술을 하고 조직적인 작전을 수행하듯 적극적으로 하는 게 연산이다. 작전을 다양하게 짤 수 있듯이, 연산 또한 다양하다.

로봇은 이미 계산과 기억에서 인간을 능가했다.
지혜에 있어서도 로봇이 능가할 때가 올 것이라고
나는 믿어 의심치 않는다.

Robots have already surpassed human beings in calculation and memory,
but I have no doubt that the time will come
when they will surpass in wisdom as well.

—

기업인 손 마사요시(손정의, Masayoshi Son, 1957~)

05

새로운 수가
탄생하는 공간이다

연산은 규칙에 의해 수들이 결합하는 공간이다. 원소와 원소가 물리적이고 화학적인 규칙에 의해 결합하는 것과 같다. 그래서일까? 원소가 결합하여 새 원소가 만들어지듯이, 연산은 새로운 수를 만들기도 한다. 연산을 통해 등장한 수들이 많다.

나눗셈이 만들어낸, 분수

$$3 \div 5 = \frac{3}{5}$$

$$1 \div 4 = \frac{1}{4}$$

자연수 → 분수

나눗셈 연산이다. 3을 5로 나눈 값을 우리는 $\frac{3}{5}$이라고 한다. 3과 5는 자연수인데, $\frac{3}{5}$은 분수이다. 자연수를 대상으로 나눗셈 연산을 했더니 분수가 만들어졌다. 수소와 산소가 존재하던 우주에서 물이 만들어진 것과 같다.

분수는 나눗셈을 통해 만들어졌다. 6÷2=3처럼 나머지가 없는 경우는 자연수에서 자연수만 나온다. 하지만 나머지가 있는 경우는 다르다. '7÷2의 몫은 3, 나머지는 1'이라고 하는 것처럼 나머지를 따로 표기해줘야 한다. 그러지 않을 거라면 분수를 사용해야 한다.

나누기라는 작용 없이는 분수가 만들어질 수 없었다. 하나를 3개로 나눈다거나, 둘을 5개의 그룹으로 나눴기에 분수는 탄생할 수 있었다. 분수는 연산이 만들어낸 수다.

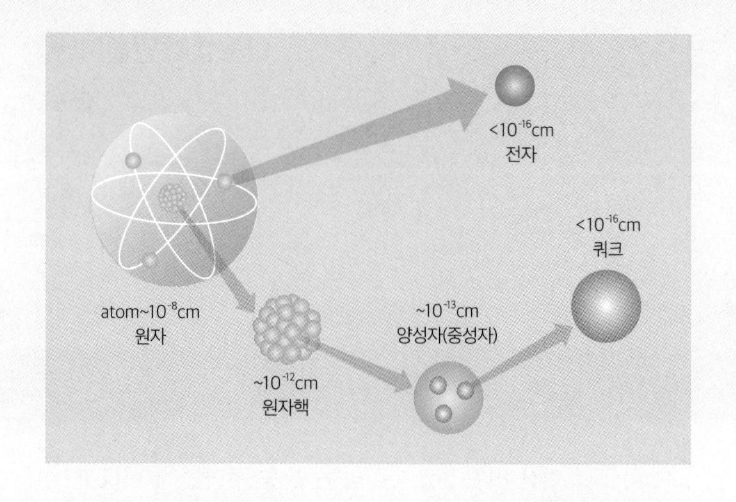

원자는 한때 물질의 최소단위로 여겨졌다.

그러나 원자에 나누기라는 연산을 해주자 놀라운 일이 벌어졌다.

양성자와 중성자, 전자 같은 더 작은 소립자들이 새로 발견되었다.

나누기라는 연산의 힘이었다.

뺄셈이 만들어낸, 음수

$$3-4 = -1$$

$$2-7 = -5$$

양수 → 음수

뺄셈 연산이다. 자연수에서 자연수를 뺐다. 작은 수에서 큰 수를 뺄 때, 우주는 감춰져 있던 존재를 드러냈다. 음수가 탄생한 순간이다.

음수는 고대 중국에서 처음 등장했다고 전해진다. 방정식을 풀어가는 과정에서 발생한 일이었다. 방정식의 해를 구하기 위해 계산을 하다 보면 뺄셈을 해야 했다. 뺄셈을 하다 보니 3−4처럼 작은 수에서 큰 수를 빼야 하는 경우가 발생했다. 그 경우를 처리하기 위해 고안된 수가 음수다. 수로서가 아니라 일종의 기호로 등장했다. 이익과 손해의 개념과 연결되면서 수로 간주되기 시작했다.

음수는 뺄셈 연산을 통해 만들어졌다. 크기를 빼가는 작업을 통해 그 모습을 드러냈다. 뺄셈이 아니었더라면, 음수는 영원히 모습을 드러내지 않았을 것이다. 이후 음수는 눈에 보이지 않지만, 존재하고 있던 크기를 보여주는 출구가 되었다. 양수가 있다면 음수가 있어야 하듯이, 물질이 있으면 반물질이 있어야 했다.

몬드리안의 나무 시리즈

치렁치렁한 나무가 보인다.

몬드리안은 하나씩 빼간다.

가지를 빼고, 줄기를 빼고, 곡선을 빼고…….

몬드리안은 뺄셈 연산을 활용해 추상화 작품을 만들어냈다.

뺄셈을 통해서도 새로운 세계를 열 수 있다.

곱셈의 역연산이 만들어낸, 무리수

연산은 보통 좌변에서 우변으로 진행된다. 2×3을 하면 6이 된다. 그 사실을 $2\times3=6$이라고 표현한다. 좌변이 원인이고, 우변이 결과다. 하지만 등호는 오른쪽에서 왼쪽으로 향할 수도 있다. 연산의 일반적 방향과 반대 방향도 가능하다. 역연산이라고 한다.

유리수가 수의 전부이던 시절이 있었다. 유리수는, $3:5$ 또는 $-2:7$처럼 정수와 정수의 비로 표현되는 수다. 그런데 정수의 비는 분수로 표현된다. $3:5=\frac{3}{5}$, $-2:5=-\frac{2}{5}$. 고로 유리수란, 양수든 음수든 분수로 표현되는 모든 수였다. 그 시절에 수는 유리수가 전부인 것 같았다.

$$3\times5=15,\ 4\times4=16,\ \frac{2}{3}\times\frac{5}{7}=\frac{10}{21},\ \frac{2}{3}\times\frac{2}{3}=\frac{4}{9}$$

유리수의 세계에서 유리수와 유리수를 곱하면 유리수가 나온다. 자연수끼리 곱해도 자연수가 나오고, 분수를 곱해도 분수가 나온다. 유리수를 곱했는데 유리수가 아닌 수가 나오는 경우는 없다.

$$x^2=2 \longrightarrow x=\pm\sqrt{2}$$

$$x^2=3 \longrightarrow x=\pm\sqrt{3}$$

곱셈의 역연산 ⟶ 무리수

그러다 역연산을 생각해봤다. 어떤 수 x를 제곱했을 때 2 또는 3이 되는 수를 찾아봤다. $x^2=2$. 유리수의 범주에서는 이 식을 만족하는 x를 찾을 수 없었다. 하지만 $x^2=2$라는 식은 분명히 가능했다. 수 x는 반드시 존재해야 했는데, 유리수에는 존재하지 않았다.

결론은 하나였다. $x^2=2$를 만족하는 수 x는 유리수가 아니다. 유리수 범주에서는 $x^2=2$를 만족하는 x가 없다. 유리수가 아니라는 의미를 담아, 이런 수를 무리수라고 했다. 무리수는 유리수가 아닌 수였다. 정수와 정수의 비로 표현될 수 없는, 분수가 아닌 수였다.

무리수는 현실에 실제로 존재하는 크기였다. 하지만 자연수처럼 수를 세면서 현실 속에서 발견된 수가 아니었다. 곱셈의 역연산을 통해서 포착해낸 수였다. 현실 속에 숨어 있던 무리수를 찾아낸 것은 연산이었다.

수학은

숫자, 방정식, 계산이나 알고리즘에 관한 게 아니다.

수학은 이해에 관한 것이다.

Mathematics is not

about numbers, equations, computations, or algorithms:

it is about understanding.

—

수학자 윌리엄 서스턴(William Paul Thurston, 1946~2012)

연산이 만들어낸 최고의 걸작, 허수

$$x^2 = -1 \longrightarrow x = \pm i$$

제곱의 역연산 ⟶ 무리수

제곱한 값이 −1이 되는 어떤 수를 찾는, 곱셈의 역연산이다. 이 역연산을 통해 인간은 상상력의 한계치를 확 높였다.

$x^2=-1$이라는 식을 진지하게 고민하기 이전에 수는 실수였다. 실제적인 크기를 나타낸다는 의미로 real number라고 했다. 실수는 제곱하면 0보다 같거나 컸다. 3의 제곱도 −3의 제곱도 모두 양수인 9다. 수란 제곱하면 항상 0보다 같거나 커야 했다.

16세기에 들어서 $x^2=-1$을 검토하기 시작했다. 방정식을 풀기 위해서였다. 이 식을 처리해야 답을 구할 수 있었기에, 진지하게 검토했다. 상상력을 발휘해 $x^2=-1$을 만족하는 수를 허수(i)라고 불렀다. 상상의 수(imaginary number)라는 뜻이었다. 새로운 수가 또 등장한 순간이었다.

허수는 곱셈의 역연산을 통해서 만들어졌다. 역연산이라는 점은 무리수와 같았다. 그러나 실제 크기에 대한 역연산이 아니었다. 상상의 크기에 대한 역연산이었다. 연산식이 있었기에 억지로라도 상상해서 만든 수였다. 연산이 아니었다면 도저히 등장할 수 없는 수였다. 이 수를 처음으로 마주한 이도 '궤변적'이라고 했다.

허수는 수학이 어떤 학문인가를 잘 보여준다. 수학은 현실적인 양이나 크기만을 다루지 않는다. 그건 호랑이가 담배 피우던 옛날이야기다. 이제 수학은 논리와 상상을 통해 독자적인 세계를 형성해간다. 허수처럼 말이다. 그 허수를 발견하도록 이끌어준 건 연산이었다.

승천하는 용

가장 대중적인 상상의 동물이다. 사슴의 뿔, 소의 귀, 뱀의 몸,

물고기의 비늘, 매의 발톱 등으로 이뤄져 있다.

현실에 존재하는 동물을 연산하여 만들어냈다.

더할 것은 더하고, 뺄 것은 뺐다.

상상이란 것도, 현실의 연산이다.

—

06

새로운 수학이
생성되는 공간이다

연산은 새로운 수를 만드는 데 큰 역할을 했다. 상상의 한계를 넓혀주면서, 상상의 길을 인도해줬다. 수학은 연산의 도움으로 영역을 확장해왔다. 수뿐만이 아니다. 연산을 통해, 연산의 도움을 받으며 새로운 수학을 끊임없이 형성해왔다.

곱셈과 나눗셈의 수학으로

최초의 연산은 덧셈이나 뺄셈이었다. 사람 수가 늘거나, 기르던 가축을 빼앗기면서 최초의 연산은 등장했다. 덧셈과 뺄셈의 연산을 통해 수학은 늘어나고 줄어드는 양의 변화를 정확하게 포착했다.

$$3+3+3+3+3=3\times5$$

3의 덧셈이 반복된다. 덧셈을 하다 보면 이런 경우가 종종 발생한다. 그래서 보다 쉽고 간편하게 다루기 위한 방법이 필요했다. 덧셈이 아닌 다른 연산이 등장해야 했다. 그 결과 탄생한 연산이 곱셈이다.

곱셈은 특별한 덧셈이었다. 같은 수의 반복적인 덧셈을 줄여 표기한 게 곱셈이다. 곱셈의 등장으로 덧셈을 보다 간결하게 수행할 수 있었다. 덕분에 수의 크기는 훨씬 더 커졌다. 곱셈은 더 큰 수를, 더 쉽게 마주할 수 있도록 했다. 수학의 영역을 더 넓혔다.

곱셈과 더불어 나눗셈도 등장했다. 초기의 나눗셈은 아마 분배이지 않았을까 싶다. 같이 사는 사람들에게 음식을 분배하면서 나눗셈이 등장했다. 나눗셈은 뺄셈이었다. 20÷4는, 20개를 4개씩 뺐을 때 몇 번이나 뺄 수 있는가를 묻는 것이다. 뺄셈의 반복은 나눗셈이 되었다.

나눗셈은 수의 크기를 줄였다. 나누고 나누다 보면 1보다 작은 크기의 분수가 되는 건 당연했다. 더 작고 더 세밀한 크기까지도 다룰 수 있는 수를 제공했다.

곱셈과 나눗셈은 가장 기본적인 연산으로부터 만들어진 2차 연산이다. 곱셈과 나눗셈을 통해 수는 더욱 커지고 세밀해졌다. 더 작은 범위부터 더 큰 범위까지 다룰 수 있었다. 그만큼 수학을 발전시켰다.

곱셈과 나눗셈은 새로운 수학의 탄생으로 이어졌다. 넓이와 부피를 보자. 길이를 두 번 곱하면 넓이, 길이를 세 번 곱하면 부피가 된다. 넓이와 부피를 다루는 수학은 곱셈이라는 연산을 바탕으로 했다. 곱셈의 응용이다.

나눗셈 역시 새로운 수학이 출현할 수 있는 배경이 되었다. 삼각비를 보라. 한 변의 길이를 다른 변의 길이로 나눈다. 삼각비는 나눗셈이라는 연산의 응용이다. 나눗셈이 없었다면 삼각비도 생각할 수 없었다.

나는 운이 나쁠 것이라는 예상에 근거해 계산한다.

I base my calculation on the expectation that luck will be against me.

—

군인 나폴레옹 보나파르트(Napoleon Bonaparte, 1769~1840)

거듭제곱과 지수의 수학으로

$$3 \times 3 \times 3 \times 3 \times 3 = 3^5$$

3의 곱셈이 반복되고 있다. 반복되는 곱셈을 곧이곧대로 표기한다는 것은 에너지 낭비다. 종종 발생하는 경우라서 보다 수월한 표기법이 필요했다. 어떤 수를 반복해 곱하는 것을 거듭제곱이라고 한다. 제곱은 '저의 곱'이다. 한자로 자승(自乘)이다. 자기를 또 곱하는 것이다. a^n은 a를 n번 곱하는 것이다.

거듭제곱의 수학이 등장했다. 곱셈으로부터 등장했지만 곱셈과는 또 다른 차원의 연산이다. 거듭제곱을 하면 수는 엄청나게 커진다. 곱셈을 통해 만들어지는 수와는 비교조차 되지 않는다. 반복해서 곱해지는 수를 밑(base), 곱해지는 횟수를 지수(exponent)라고 한다. 3^4+3^5 또는 $3^4 \times 3^5$처럼 거듭제곱끼리의 사칙연산을 다루는 수학도 등장했다. 지수법칙이다.

지수 개념이 확장되면서 음수도 지수에 사용되었다. $10^{-3}=\frac{1}{10^3}=\frac{1}{1000}$처럼 음수 지수는 양수 지수의 역수였다. 음수 지수가 사용되면서 수의 크기는 엄청나게 줄어들었다. 원자보다 작은 미시세계를 다룰 수 있는 수가 만들어졌다. 수학은 지수를 통해, 무한히 작고 무한히 큰 수를 만들어내며 더더욱 확장되었다.

거듭제곱과 지수는 수학에서 널리 활용되고 있다. 이차방정식이네 삼차방정식이네, 이차함수네 삼차함수네 하는 말들은 모두 거듭제곱과 관계있다. 문자의 지수가 2면 이차식, 3이면 삼차식이다. 2차 이상의 방정식이나 함수는 모두 거듭제곱과 지수가 등장한 후 형성된 수학이다.

거듭제곱은 아주 유용하다. 아주 큰 수와 아주 작은 수를 간단히 표기할 수 있다. 1광년은 약 9.45×10^{12}km이고, 이 우주에 존재하는 원자의 총 개수는 약 10^{80}개다. 아보가드로수라든가, 플랭크상수 등도 모두 거듭제곱으로 표현된다.

거듭제곱의 개념은 일상 언어에도 사용되었다. 불교 문화권을 중심으로 사용된 큰 수는 모두 거듭제곱을 활용했다. 불가사의는 10^{64}, 무량대수는 10^{68}을 나타낸다. 요즘에는 10^{100}을 뜻하는 구골이라는 말이 잘 알려져 있다. 일상에서 제법 큰 수의 단위로 사용되는 킬로, 메가, 기가, 테라 같은 말 모두 거듭제곱이 적용되었다. 마이크로, 나노, 피코 같은 작은 수의 단위도 역시나 거듭제곱을 바탕으로 했다.

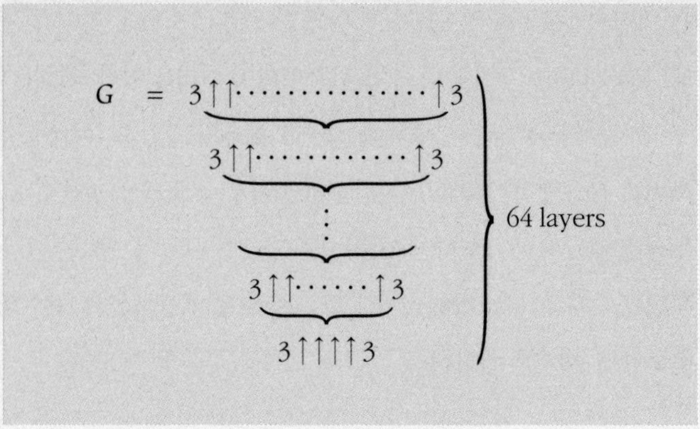

$$G = \underbrace{3\uparrow\uparrow\cdots\cdots\cdots\cdots\uparrow 3}_{\underbrace{3\uparrow\uparrow\cdots\cdots\cdots\uparrow 3}_{\underbrace{\vdots}_{\underbrace{3\uparrow\uparrow\cdots\cdots\uparrow 3}_{3\uparrow\uparrow\uparrow\uparrow 3}}}} \quad \text{64 layers}$$

그레이엄 수(Graham's number)

수학적으로 의미 있는 수 중에서 가장 큰 수로 알려져 있다.

수학자 그레이엄이 어떤 수학 문제에 대한 답으로 제시했다.

지수 같은 걸로는 이 수를 표기할 수 없다.

지수보다 더 큰 수를 만드는 화살표 표기법이 사용되었다.

마지막 12자리의 수는 262464195387이란다.

지수가 확장된 연산을 통해서 만들어졌다.

지수의 역연산도 수학으로!

무리수

$$2^3=8 \longrightarrow 3=\log_2 8$$

$$a^x=y \longrightarrow x=\log_a y$$

역연산은 연산의 결과와 원인의 방향을 뒤집는 것이다. 지수가 등장하자, 지수의 역연산을 생각해봤다. 지수의 역연산이 바로 로그(log)이다. $a^x=y$가 되게 하는 x값을 알아내는 수학이다. 로그는 지수의 수학이 만든 또 다른 수학이었다. 연산과 역연산의 합작품이다.

로그가 단지 지수의 역연산이기만 했다면 독자적인 수학으로 살아남지 못했을 수 있다. 그런데 로그는 그 자체로도 매우 유용했다. 곱셈과 나눗셈을 아주 쉽게 할 수 있는 도구였다.

$$12345\times6789=\square$$

12345×6789를 해보라. 곱셈을 반복하고, 각 자릿값마다

덧셈을 또 해야 한다. 번거롭고 복잡하다. 답은 상당히 큰 수가 된다. 곱셈은 수학을 확장했지만, 그만큼 수학을 더 어렵게 만들었다.

곱셈을 더 쉽게 할 수 없을까를 고민했다. 16세기 전후의 서양에서 원거리 항해가 늘면서 큰 수를 다뤄야 했다. 이때 힌트가 된 것이 로그였다. 로그의 성질을 이용하면 곱셈은 덧셈으로, 나눗셈은 뺄셈으로 바뀐다. 어려운 연산이 쉬운 연산이 된다. 이토록 유용한 로그를 만든 것이 역연산이다.

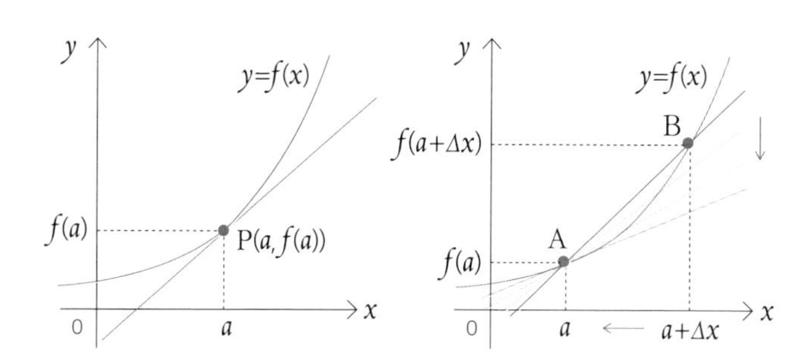

함수 f(x)의 점(a, f(a))를 지나는 접선의 기울기를 구하려고 한다. x=a인 순간의 순간속도를 구하는 것과 같다. 오른쪽 그림처럼, a로부터 Δx만큼 떨어져 있는 점 (a+Δx, f(a+Δx))를 잡는다. 그 두 점을 잇는 직선의 기울기를 구한다. 차이인 Δx의 값을 줄일수록 직선의 기울기는 점 P를 지나는 접선의 기울기에 가까워진다. 접선의 기울기 f'(a)는 다음과 같다.

$$f'(a)=\lim_{\Delta x\to 0}\frac{\Delta y}{\Delta x}=\lim_{\Delta x\to 0}\frac{f(a+\Delta x)-f(a)}{\Delta x}=\lim_{x\to a}\frac{f(x)-f(a)}{x-a}$$

보기만 해도 복잡하다. 차이인 Δx의 값을 무한히 줄인다는 개념이 들어간다. 무한히 작은 크기가 포함된다. 그 크기를 다루려다 보니 이렇게 복잡한 연산을 해야만 했다.

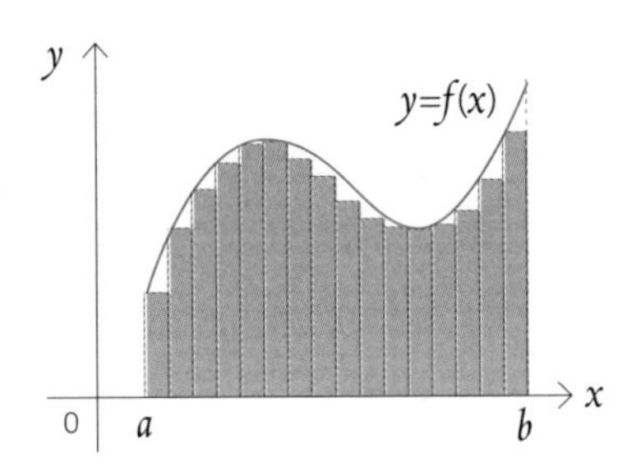

함수 f(x)와 x축으로 둘러싸인 부분의 넓이를 구하고자 한다. x의 값 a부터 b까지를 n개로 나눈다. 각 구간마다 직사각형을 만들어, 그 직사각형의 넓이를 모두 더한다. 오차를 줄이기 위해서 구간을 n개가 아니라 무한히 잘게 쪼갠다. 직사각형도 무한히 많아진다. 그 직사각형들을 모두 더하면 넓이를 구할 수 있다.

$$\lim_{n \to \infty} \sum_{k=1}^{n} f(x_k)\Delta x \ (x_k = a + k\Delta x,\ \Delta x = \frac{b-a}{n})$$

이 연산에도 무한이 개입된다. 무한히 많이 나누고, 무한히 많이 더한다. 무한이 개입된 연산은 이처럼 어렵고 복잡하다.

미분과 적분, 무한의 연산을 수월하게!

접선의 기울기와 곡선의 넓이를 구하는 수학에는 무한이 들어간다. 연산은 범위를 무한까지 넓혔다. 무한이다 보니 유한일 때의 연산보다 복잡했다. 그 연산을 보다 수월하게 할 수 있는 방법이 요청되었다.

그 결과 등장한 것이 미분과 적분이다. 접선의 기울기를 보다 수월하게 구해주는 게 미분, 넓이를 보다 수월하게 구해주는 게 적분이다. 미분과 적분은 무한이 개입되어 있는 복잡한 연산을, 수식을 변형해 값을 대입하면 되는 쉬운 연산으로 바꾼다. 게다가 미분과 적분은 역연산의 관계에 있다. 미분과 적분은 서로 다른 수학이 아니라, 역연산으로 얽혀 있다. 그 관계를 활용하면 미분과 적분을 더 수월하게 할 수 있다.

미분과 적분은 새로운 수학이다. 이전의 연산법과 다른 새로운 연산이다. 새로운 연산이기에 새로운 수학이고, 새로운 수학은 곧 새로운 연산이다. 연산과 수학은 서로가 서로를 진화시켜 가는 공진화 관계에 있다.

수학은 수를 풀기 위한 것만이 아니다.

슬픔을 나누고, 아픔을 없애고, 행복을 더하고,

사랑과 용서를 곱하기 위한 것이기도 하다.

Mathematics is not only for solving numbers.

it's also for dividing sorrow,

subtracting sadness,

adding happiness and multiplying love and forgiveness.

—

인도 스키선수 아리프 칸(Arif Mohammad Khan, 1990~)

3부

연산,
어떻게 공부할까?

07

꼭
알아둬야 할
연산의 종류들

연산의 규칙은 연산에 따라 달라진다. 대상 하나에 대한 연산을 단항연산(unary operation), 대상 둘에 대한 연산을 이항연산(binary operation)이라고 한다. 사칙연산은 대표적인 이항연산이다. 기본적으로 꼭 알아둬야 할 연산을 보자.

(사칙연산은 다음 장에서 따로 다루겠다.)

> − 부호 연산, 명제의 부정(~)

$$+(+3)=+3 \qquad -(+3)=-3$$

$$+(-3)=-3 \qquad -(-3)=+3$$

+3 또는 −3 앞에 부호가 붙어 있다. 유리수의 연산에서 많이 보던 풍경이다. 수 앞에 +가 오면 그 수의 원래 부호 그대로다. 양수는 양수로, 음수는 음수로 된다. 수 앞에 −가 오면 원래 부호의 반대 부호가 된다. 양수는 음수로, 음수는 양수가 된다.

부호 연산의 대상은 수 하나다. 그 수 하나를 다른 수로 바꿔준다. 고로 연산이다. 부호 연산은 특히 음수가 포함된 연산에서 중요하다. 이 부호 연산을 통해 수를 바꿔주면, 수끼리의 계산이 수월해진다.

부호 연산에서의 −는 명제의 부정(~)과 같은 역할을 한다. 참인 명제(p)의 부정인 ~p는 거짓인 명제가 된다. 거짓인 명제(p)의 부정인 ~p는 참인 명제다. 고로 부정의 부정은 긍정이다. $\sim(\sim p)=p$. $-(-3)$이 $+3$이 되는 것과 같다.

루트 연산

$$\sqrt{16}=\sqrt{4^2}=4,\ -\sqrt{16}=-4,\ \sqrt{2}=\sqrt{2}$$

$$x^2=a \longrightarrow x=\pm\sqrt{a}$$

$\sqrt{\ }$는 루트로 불리는 기호다. 제곱근이라는 개념을 통해서 등장했다. 제곱해서 a가 되게 하는 어떤 수를 a의 제곱근이라고 한다. $\sqrt{a}$란, 제곱했을 때 a가 되는 수 중에서 양수다. $-\sqrt{a}$는 제곱했을 때 a가 되는 음수를 말한다. 두 수 모두 제곱하면 a가 된다.

어떤 수에 루트를 씌우면 수가 달라진다. 수 하나를 다른 수로 바꾼다. 루트도 연산이다. 루트 연산의 값은 수에 따라 달라진다. 루트 안의 수가 어떤 수의 제곱이 되면, 즉 $\sqrt{a^2}$ 이면 $\sqrt{a^2}=a$이다. 이때 a는 0보다 같거나 커야 한다. 만약 a가 0보다 작으면 $\sqrt{a^2}=-a$이다.

$$\sqrt{16}=\sqrt{4^2}=4,\ \ \sqrt{16}=\sqrt{(-4)^2}=4=-(-4)$$

$$\sqrt{a^2}=a\ (a\geq 0)$$

$$-a\ (a<0)$$

루트 안의 수가 제곱이 아니라면, 루트 기호를 떼어버릴 수 없다. 루트 기호 그대로 두어야 한다. $\sqrt{2}=\sqrt{2}$이다. 하지만 $\sqrt{2}$를 제곱하면 2가 된다.

$$(\sqrt{2})^2=\sqrt{2}\times\sqrt{2}=\sqrt{2^2}=2$$

$$\sqrt{2^2}=(\sqrt{2})^2=2 \longrightarrow \sqrt{a^2}=(\sqrt{a})^2=a\ (a\geq 0)$$

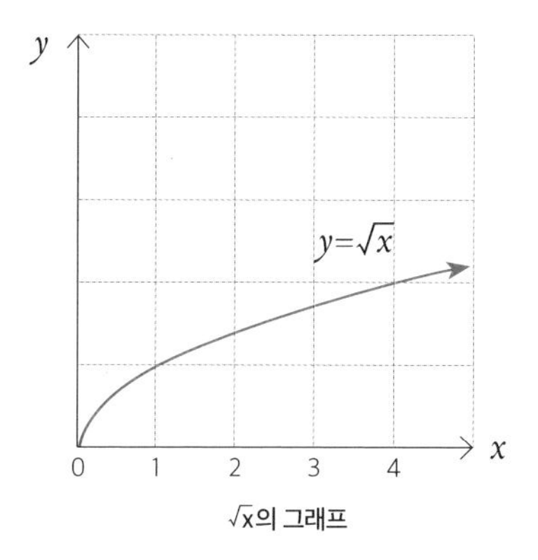

$\sqrt{x}$의 그래프

절댓값 연산

<

$|+5|=5$, $|-5|=5$

수에 절댓값 기호 $|\ |$를 씌우면 +5도 −5도 5가 된다. 절댓값이란, 원점에서 그 수까지의 거리를 말한다. 거리이므로 양수다. 0보다 작을 수 없다. 절댓값에서 수의 부호는 아무런 의미도 없다. 절댓값 기호는 부호를 사라지게 한다.

절댓값 기호는 수를 바꾼다. 고로 연산이다. 절댓값 기호의 대상은 수 하나이다. 양수이든 음수이든 절댓값 기호 안에 넣으면 원점에서의 거리 값으로 바뀐다. 결과적으로 양수가 된다. 0보다 큰 x의 절댓값은 x, 0보다 작은 x의 절댓값은 −x가 된다. $|3|=3$, $|-3|=-(-3)=3$처럼 말이다.

$$|x| = x \ (x \geq 0)$$
$$\quad -x \ (x < 0)$$

절댓값 연산은 루트 연산과 연결된다. 결과적으로 $\sqrt{a^2}$ 은 $|a|$

와 같다.

$$|a| = \sqrt{a^2} = a \ (a \geq 0)$$
$$-a \ (a < 0)$$

절댓값 기호의 특성은 그래프를 보면 확연히 나타난다. y=|x|의 그래프는 x에 대해서나 −x에 대해서나 y의 값은 같다. 다음처럼 y축을 중심으로 대칭인 그래프가 된다.

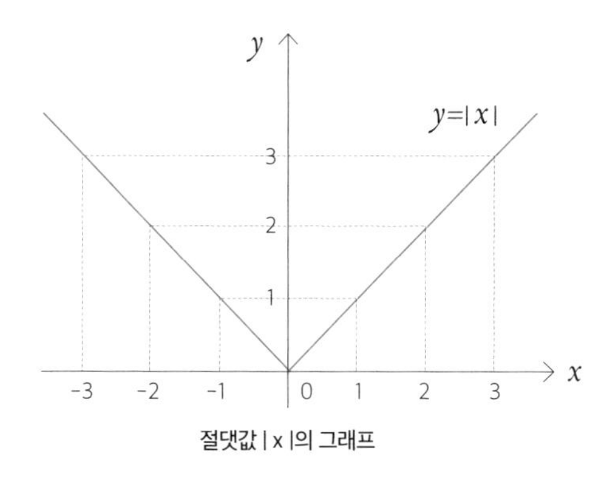

절댓값 | x |의 그래프

[3.33]=3, [0.5]=0, [−1.5]=−2

수학자 가우스가 만들었다고 해서 가우스 기호라고 불린다. [x]는 x를 넘지 않는 최대 정수를 말한다. x보다 같거나 작은 정수 중에서 가장 큰 정수다. 말만 들어보면 복잡하다. 3.33으로 생각해보자. 3.33은 3과 4 사이의 수다. 3.33보다 작은 정수는 3, 2, 1, ……로 무한히 많다. 그중에서 가장 큰 정수는 3이다. 3.33을 넘지 않는 최대 정수는 3이다. [3.33]=3이다.

[3]=[3.011]=[3.65]=[3.999]=3

[4]=[4.21]=[4.55]=[4.989]=4

3보다 같거나 크고 4보다 작은 수들에 대한 가우스 기호의 값은 3이다. 4가 되는 순간 가우스 기호의 값은 4가 된다. 4보다 같거나 큰 수들의 가우스 기호 값 역시 4이다. 일정한 패턴이 있다. 그래프는 다음과 같다. 각 선분은 좌측 끝 점을 포함한다. 그러나 우측 끝 점을 포함하지는 않는다. 그 지점에서 값은 다음 정수로 점프한다.

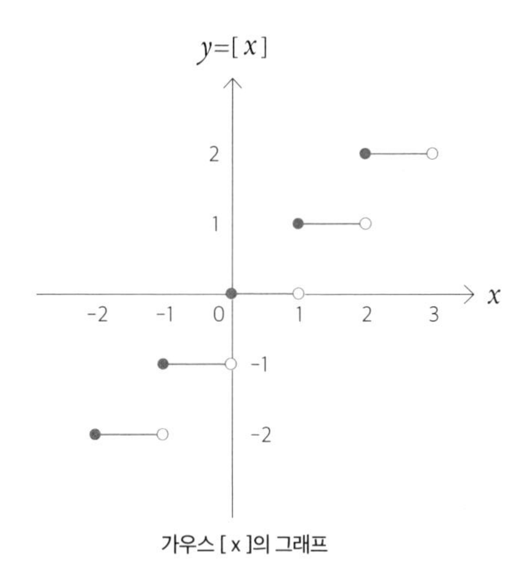

가우스 [x]의 그래프

[x]는 함수다. 어떤 x에 대해서도 y 값 하나가 대응된다. 그래서 '가우스함수'라고 불린다. 가우스함수에는 별칭이 여러 개 있다. (몰라도 별 지장은 없다.) 모양을 보라. 계단모양이다. '계단함수'다. x보다 같거나 작은 최대 정수 값에 대응하기에 '최대정수함수'다. 최대정수를 바닥에 해당하는 정수로 보고, '바닥함수'라고도 한다. [x]는 x의 소수점 이하를 모두 버린 값과 같다. [3.33]은 3.33에서 0.33을 버린 값인 3이다. '버림함수'다.

아름답고 고귀한 모든 것은 이성과 계산의 산물이다.

Everything that is beautiful and noble is

the product of reason and calculation.

—

시인 샤를 보들레르(Charles Baudelaire, 1821~1867)

$5! = 5 \times 4 \times 3 \times 2 \times 1$

$10! = 10 \times 9 \times 8 \times 7 \times 6 \times 5 \times 4 \times 3 \times 2 \times 1$

느낌표는 수학에서도 활용된다. 보통은 자연수에 대해서 사용된다. n!은 n보다 같거나 작은 자연수를 모두 곱하는 것이다. 5!은 5부터 1까지의 자연수를 모두 곱한다. !를 팩토리얼이라고 읽는다. 한자를 써서 계승(階乘)이라고도 한다. 수를 한 단계씩 낮춰 곱한다는 뜻이다.

팩토리얼 기호는 간단하다. 하지만 팩토리얼 기호를 붙이면 수는 엄청나게 커진다. 5!=120, 10!=3,628,800이다. 60!만 해도 우주에 있는 원자의 총 개수라는 10^{80}보다도 큰 수가 된다. 값이 커가는 느낌이 확실하다. 하나의 수를 다른 수로 바꾸는 연산이다.

팩토리얼은 순열을 계산할 때 등장한다. n개에서 n개를 뽑아 일렬로 줄을 세울 때 만들어질 수 있는 경우의 수를 말한다. 순서를 고려한다. 그때의 개수가 n!이다.

지수도 연산이다

<

$$2\times2\times2=2^3=8$$

$$3^2=3\times3=9$$

두 개의 수가 등장한다. +, × 같은 기호는 전혀 등장하지 않는다. 다만 두 개의 수 중에서 하나의 위치와 크기가 독특하다. 하나의 수가 다른 수의 위첨자로 작게 표기된다. 그 수를 지수라고 한다. 한 수가 다른 수의 지수로 올라가면, 등호의 오른쪽처럼 다른 수가 등장한다.

지수도 다른 수를 만들어낸다. 연산으로 볼 수 있다. 두 개의 수가 만나 하나의 수를 만들어내는 이항연산이다. 2^3의 2 같은 수를 밑이라고 한다. 지수는 원래 거듭제곱으로부터 만들어졌다. 나중에는 자연수 외의 분수나 소수, 음수도 지수로 사용된다. 2^0이나 2^{-3}처럼 지수가 0 또는 음수인 경우 값이 뭐가 되는지 유의해야 한다.

>

집합 연산

$A=\{1, 3, 5, 7, 9\}$

$B=\{2, 4, 6, 8 10\}$

$C=\{1, 2, 3, 4, 5, 6, 7, 8, 9, 10\}$

$A \cup B=C,\ A \cap B=\varnothing,\ C-B=A$

A, B, C는 집합이다. A는 10 이하인 홀수의 집합, B는 10 이하인 짝수의 집합, C는 10 이하인 자연수의 집합이다. 집합은 공통의 성질을 가지는 원소들의 모임이다. 그 집합의 대상은 분명히 알 수 있어야 한다.

집합은 수가 아니다. 수를 원소로 하는 집합일지언정 집합 자체는 수가 아니다. 아파트 단지 이름이나 학교 이름처럼, 어떤 대상들을 대표하는 이름 같은 것이다. 고로 수의 연산에서 사용되었던 사칙연산을 그대로 적용할 수 없다. 일반적인 사칙연산은 수를 대상으로 한다.

수가 아닌 집합이지만, 두 집합의 원소를 합치는 것은 가능하다. 같은 원소를 빼는 것으로 하면 집합 간의 뺄셈도 가능하다.

같은 원소만을 묶는 집합도 가능하다. 집합끼리 연산이 가능할 수 있다. 그래서 일반적인 사칙연산 기호와 다른 기호를 사용해 연산을 정의했다. 합집합($A \cup B$), 차집합($A - B$), 교집합($A \cap B$). 집합이라는 수학적 대상에서는 이런 연산들을 정의해놓았다.

두려움은 확률의 계산보다 더 강하다.

Fear was stronger than the calculation of probabilities.

—

소설가 조지 엘리엇(George Eliot, 1819~1880)

논리 연산

A: 사람은 동물이다. → T(참)

B: 1+1=3이다. → F(거짓)

C: 사람은 동물이거나 1+1=3이다. → T(참)

D: 사람은 동물이고 1+1=3이다. → F(거짓)

학교 수학에서는 지금 다루지 않지만, 수학이나 컴퓨터과학에서 중요하게 다뤄지는 연산이 있다. 명제 A는 참(T, true)이고, 명제 B는 거짓(F, false)이다. 이 두 명제를 합성하여 만들어낸 명제 C는 참이고, 명제 D는 거짓이다.

명제를 합성하는 방법은 두 가지이다. or(~이거나) 또는 and(~이고). 이처럼 합성된 명제의 참과 거짓을 추론해내는 연산이 논리연산이다. or에 해당하는 논리합, and에 해당하는 논리곱이 있다. 여기에 논리를 반대로 바꾸는 부정도 있다. 논리합은 ∨, 논리곱은 ∧, 논리부정은 ~으로 표기된다.

논리합 p∨q는 p, q가 모두 F(거짓)인 경우만 F가 된다. p나 q 중 하나라도 T라면 p∨q는 T가 된다. 논리곱 p∧q는 p, q가 모

p	q	$p \vee q$
T	T	T
T	F	T
F	T	T
F	F	F

p	q	$p \wedge q$
T	T	T
T	F	F
F	T	F
F	F	F

논리합과 논리곱의 연산

두 T(참)일 때만 T가 된다. p, q 중에서 하나라도 F라면 $p \wedge q$는 F가 된다.

논리연산이 중요한 것은, 이 연산이 컴퓨터에 그대로 적용되기 때문이다. 컴퓨터의 전기적 신호는 0과 1을 사용하는 2진법 체계로 표현된다. 1은 전기가 흐르는 상태, 0은 전기가 흐르지 않는 상태다.

컴퓨터에서 전기적 신호는 세 가지 방식으로 결합한다. 병렬, 직렬, 뒤집기다. 그런데 이 세 가지 상태의 움직임은 정확하게 논리합, 논리곱, 논리부정과 일치한다. T를 1로, F를 0으로 보면 결과가 똑같다.

병렬연결은 논리합과 같다. 입력이 모두 0일 때만 출력도 0이다. 입력된 전기선 모두에 전기가 흐르지 않을 때만 최종적으로 전기가 흐르지 않는다.

직렬연결은 논리곱과 같다. 입력이 모두 1일 때만 최종적으로 1이 된다. 입력된 전기선에 전기가 모두 흘러야 최종적으로 전기가 흐른다. 이런 이치 때문에 논리연산을 컴퓨터에 그대로 적용했다. 그래서 컴퓨터 회로를 디지털 논리회로라고 부른다.

블록체인은 일련의 블록이다.

각 블록은 전 세계에 있는 컴퓨터에 의해 이뤄진 일련의 계산인데,

풀어내기 어렵게 난해한 암호 기술을 사용했다.

A block chain is a series of blocks.

Each block is a series of computations done by computers all over the world

using serious cryptography in a way that's very hard to undo.

—

기업가 나발 라비칸트(Naval Ravikant, 1974~)

08

사칙연산,
이것만큼은
꼭 알아두자

사칙연산은 연산 중에서 가장 많이 사용된다. 수학을 하는 어느 곳에서나 사칙연산을 피해갈 수는 없다. 그렇기에 사칙연산의 정의와 방법, 관계를 정확히 알아둬야 한다. 사칙연산을 보다 수월하고 정확하게 하는 팁을 기억해두자.

사칙연산의 정의

덧셈(+), 뺄셈(−), 곱셈(×), 나눗셈(÷)이다. 가장 일상적이고 현실적이다. 자연스럽고 친숙하며 부담감이 없다. 그렇기에 사칙연산을 제대로 이해하지 못하는 경우도 많다. 수학적인 정의보다는 일상적 느낌으로 이해하기 때문이다.

일상에서 더하기와 빼기는 크기의 증가와 감소다. 곱셈은 특정한 수의 반복적인 덧셈이다. 나눗셈은 일정한 크기를 적절하게 분배하는 것으로, 뺄셈의 반복으로 이해된다. 모두 크기의 증가와 감소라는 방식으로 해석된다.

그런데 음수나 무리수, 허수같이 크기를 직관적으로 가늠해 보기 어려운 수가 등장했다. 이 수들에 대한 연산을 크기의 증가나 감소라는 관점으로 해석하는 건 곤란하다. 더 포괄적이고 추상화된 해석이 필요했다. 현실적인 크기라는 관점을 벗어나야 했다.

사칙연산에 대해 엄밀한 정의가 필요했다. 최대한 간결하면서, 모든 경우에 적용될 수 있어야 했다. 수와 더불어 가장 기초적인 연산이기에 엄밀히 정의되어야 했다. 그 결과 덧셈과 곱셈이 따로 정의되었다. 여기에서 곱셈은 덧셈의 반복이 아니다. 덧셈과 곱셈은 다른 연산으로 정의되었다.

수학적으로 정의된 덧셈과 곱셈은 일상적인 덧셈이나 곱셈과 다르다. (하지만 결과는 똑같다.) 수는 기호이고, 연산은 그 기호들의 관계를 설정해주는 규칙일 뿐이다. 크기에 대한 연산이라는 의미는 전혀 들어 있지 않다. 덧셈은 1+1=2가 되는 규칙이고, 곱셈은 2×3=6이 되는 규칙일 뿐이다. 그 규칙대로 수들이 연결되는 연산을 덧셈 또는 곱셈이라고 한다.

Explicationes.

Signo N significatur *numerus (integer positivus).*
» 1 » *unitas.*
» $a+1$ » *sequens a,* sive *a plus* 1.
» = » *est aequalis.* Hoc ut novum signum considerandum est, etsi logicae signi figuram habeat.

Axiomata.

1. $1 \in N.$
2. $a \in N . \supset . a = a.$
3. $a, b, c \in N . \supset : a = b . = . b = a.$
4. $a, b \in N . \supset \therefore a = b . b = c : \supset . a = c.$
5. $a = b . b \in N : \supset . a \in N.$
6. $a \in N . \supset . a + 1 \in N.$
7. $a, b \in N . \supset : a = b . = . a + 1 = b + 1.$
8. $a \in N . \supset . a + 1 - = 1.$
9. $k \in K \therefore 1 \in k \therefore x \in N . x \in k : \supset_x . x + 1 \in k :: \supset . N \supset k.$

Definitiones.

10. $2 = 1 + 1;\ 3 = 2 + 1;\ 4 = 3 + 1;$ etc.

PEANO, *Arithmetices principia.*

덧셈과 곱셈을 정의한 페아노의 『산술의 원리』 20쪽

페아노는 1889년에 출간한 『산술의 원리』에서 수와 덧셈, 곱셈을 엄밀하게 정의했다. 덧셈과 곱셈은 그저 정의된 규칙일 뿐이다.

개수나 크기가 같은 뜻도 의미도 지시대상도 없다.

이해하지 않아도 된다.

위의 글도 굳이 이해하려 하지 않아도 된다.

'그렇구나!' 하고 가볍게 넘어가자.

덧셈과 뺄셈,
곱셈과 나눗셈의 관계

수학적으로는 덧셈과 곱셈이 정의되었다. 그럼 뺄셈과 나눗셈은 어떻게 하라는 걸까? 말은 사칙연산이라고 해놓고, 뺄셈과 나눗셈은 쏙 빼버렸다. 사칙연산이라는 말이 주는 느낌에 걸맞지 않은 대접이다.

뺄셈과 나눗셈을 굳이 정의하지 않은 이유가 있다. 정의하지 않고도 정의하는 수가 있기 때문이다. 관계를 이용하는 거다. 모든 사람의 이름을 꼭 다 알아야 하는 건 아니다. 누군가의 친구, 누군가의 애인, 누군가의 부모님이라고 부를 수 있다.

$2+3=5 \longrightarrow 5-3=2$

$5-2=3$

2+3=5는 덧셈이다. 수학은 덧셈을 정의해두었으니 2+3=5라는 식에는 문제가 없다. 이 문제 없는 식으로부터 우리는 뺄셈 연산에 해당하는 식을 얻을 수 있다. 2+3=5라면, 5−2라는 연산은 2에 어떤 수를 더해야 5가 되는가를 묻는 것으로 재해석된다.

굳이 뺄셈을 따로 정의하지 않아도 된다.

$$2\times3=6 \longrightarrow 6\div2=3$$
$$6\div3=2$$

2×3=6은 곱셈이다. 곱셈은 정의되어 있으니 문제가 없는 안전한 식이다. 이 식으로부터 나눗셈식을 얻어낼 수 있다. 6÷2는, 2에 어떤 수를 곱해야 6이 되는가를 묻는다. 나눗셈을 새로 정의하지 않고, 곱셈을 통해서 설명할 수 있다.

뺄셈과 나눗셈을 따로 정의하지 않아도 된다. 관계를 활용하면 덧셈을 통해 뺄셈을, 곱셈을 통해 나눗셈을 정의할 수 있다. 극한의 엄밀성을 추구하는 수학다운 방법이다.

덧셈과 뺄셈의 관계, 곱셈과 나눗셈의 관계는 수학에서 자주 활용한다. 덧셈이 막히면 뺄셈으로, 나눗셈이 막히면 곱셈으로 식을 바꿔본다. 그러면 풀릴 것 같지 않던 식이 풀리기도 한다. 이 관계를 잘 활용하면 방정식도 거뜬히 풀 수 있다. 덧셈과 뺄셈의 관계로부터 이항이, 곱셈과 나눗셈의 관계로부터 양변을 나누는 기술이 등장했다.

$2x+5=13$

$2x=13-5$ → 이항: 덧셈과 뺄셈의 관계를 이용했다.

$2x=8$

$x=8\div 2$ → 양변 나누기: 곱셈과 나눗셈의 관계를 이용했다.

$x=4$

숫자는 양의 세계 전체를 지배한다고 할 수 있다.

그리고 산술의 네 가지 규칙은 수학자의 완전한 장비로 여겨지곤 한다.

The numbers may be said to rule the whole world of quantity,

and the four rules of arithmetic may be regarded

as the complete equipment of the mathematician.

—

물리학자 제임스 클러크 맥스웰(James C. Maxwell, 1813~1879)

덧셈과 뺄셈,
단위를 맞춰라!

$$2+3=5$$

$$\frac{2}{3}+\frac{1}{4}=\frac{8}{12}+\frac{3}{12}=\frac{11}{12}$$

$$4.59-3.14=1.45$$

일상에서 덧셈을 하면 양이 많아지고 크기가 커진다. 뺄셈을 하면 양이 줄어들고 크기가 작아진다. 하지만 수학에서는 더하고 곱한다고 해서 커지고, 빼고 나눈다고 해서 작아지는 게 아니다. 음수를 더하거나 빼고, 분수를 곱하거나 나눠보라. 덧셈과 곱셈을 해도 작아진다. 뺄셈과 나눗셈을 해도 오히려 더 커진다. 가속도에는 더한다는 뜻의 가(加)라는 한자가 있다. 하지만 가속도라고 해서 속도가 커지기만 하지 않는다. 속도가 줄어들어도 가속도가 발생한다.

덧셈과 뺄셈에서 중요한 것은 수의 단위이다. 두 수의 단위가 같을 때만 덧셈과 뺄셈이 가능하다. 단위란, 수를 구성하는 가장 작은 크기다. 자연수의 단위는 1, 분수의 단위는 단위분수($\frac{1}{n}$), 소수의 단위는 0.1($\frac{1}{10}$)이나 0.01($\frac{1}{100}$) 같은 십진소수이다.

자연수나 소수끼리의 덧셈과 뺄셈은 쉽다. 2+3=5 또는 4.59−3.14=1.45처럼 바로 가능하다. 단위가 이미 맞춰져 있기 때문이다. 소수에서는 단위가 같은 수들, 즉 소수점 이하 자릿수가 같은 수들끼리 더하고 빼면 된다.

단위가 다르면 단위를 맞춰줘야 한다. 분수가 그런 경우다. 분수마다 단위가 다르기 때문에, 단위를 맞춰주는 과정을 거친다. 통분이다. $\frac{2}{3}+\frac{1}{4}$을 하려면 먼저 단위를 맞춰주어 $\frac{8}{12}+\frac{3}{12}$로 고쳐야 한다. 그래야 $\frac{11}{12}$이라는 답을 얻을 수 있다.

나눗셈은 역수의 곱으로

나눗셈은 사칙연산 중에서 가장 어렵다. 132÷11처럼 자연수의 나눗셈도 그 값을 구하려면 쉽지 않다. 분수나 소수의 나눗셈으로 넘어가면 난이도는 급상승한다. 특단의 조치가 필요하다.

곱셈과 나눗셈의 관계를 이용하는 방법도 있다. 8÷2=□를 2×□=8로 바꾸어 생각한다. □=4임을 알 수 있다. 나눗셈이 더 쉬워졌다. 하지만 분수인 경우 이 방법은 여전히 어렵다. $\frac{2}{3}\div\frac{4}{7}$=□나 $\frac{4}{7}\times$□$=\frac{2}{3}$나 어려운 건 마찬가지다. 더 쉽고 일반적인 방법이 필요하다.

2÷3은 피자 2판을 3명에게 나누는 것이다. 각 피자를 $\frac{1}{3}$씩 나눠서 각 사람에게 나눠주면 된다. 각 사람은 $\frac{1}{3}$조각을 두 개씩 받는다. $\frac{1}{3}\times2=2\times\frac{1}{3}$이다. 고로 $2\div3=2\times\frac{1}{3}$이다. 2를 3으로 나누는 것은, 2에 $\frac{1}{3}$을 곱해주는 것과 같다.

나눗셈은 역수를 곱하는 것과 같다. a의 역수는 곱해서 1이 되게 하는 수인 $\frac{1}{a}$이다. 3의 역수는 $\frac{1}{3}$이다. 이 관계를 활용하면 나눗셈은 수월해진다. 어떤 나눗셈도 척척 해낼 수 있다.

$$\frac{2}{3}\div\frac{4}{7}=\frac{2}{3}\times\frac{7}{4}=\frac{14}{12}$$

한 숫자를 다른 숫자로 나누는 것은 단순한 계산이다.

무엇으로 무엇을 나눌지 아는 것이 수학이다.

Dividing one number by another is mere computation ;

knowing what to divide by what is mathematics.

—

수학자 조든 엘렌버그(Jordan Ellenberg, 1971~)

곱셈과 나눗셈을 먼저

사칙연산이라고 말하면 덧셈, 뺄셈, 곱셈, 나눗셈이 서로 다른 연산 같은 느낌이 든다. 그리고 네 개의 연산이 같은 수준의 연산 같다. 하지만 만들어진 과정을 보면 그렇지 않다.

연산의 출발점은 덧셈과 뺄셈이다. 그로부터 곱셈과 나눗셈이 만들어졌다. 덧셈과 뺄셈이 1차 연산이라면, 곱셈과 나눗셈은 2차 연산인 셈이다. 덧셈과 곱셈을 따로 정의한 논리적인 수학의 세계와는 달랐다.

덧셈과 곱셈의 관계, 곱셈과 나눗셈의 관계를 고려하면 왜 곱셈과 나눗셈을 먼저 해야 하는지를 알 수 있다. 덧셈과 뺄셈으로부터 곱셈과 나눗셈, 지수 같은 복잡한 연산이 등장했다. 모든 연산은 결국 덧셈과 뺄셈이었다.

연산을 한다는 것은, 식을 모두 덧셈과 뺄셈으로 바꾸는 것과 같다. 연산하려면 곱셈과 나눗셈 같은 2차 연산을 1차 연산으로 먼저 바꿔야 한다. 곱셈과 나눗셈을 먼저 연산한다는 말과 똑같다.

곱셈과 나눗셈을 덧셈이나 뺄셈보다 먼저 해야 한다. 곱셈이나 나눗셈이 바로 이어지는 경우는 순서대로 한다.

$$3+4\times6\div3-5$$
$$=3+24\div3-5$$
$$=3+8-5$$
$$=6$$

09

연산은
배치의 예술이다

사칙연산은 수 두 개를 수 하나로 바꾼다. 그런데 그게 맘처럼 쉽지 않다. 둘이 하나가 된다는 건 어려운 일이다. 바꾸기 어려운 경우가 다반사다. 그때 활용할 수 있는 고수의 기술이 있다. 연산하려는 식의 배치를 바꾸는 것이다. 연산을 잘하려면, 배치의 고수가 되어야 한다.

연산의 순서를 바꾼다

$2+3=5,\ 3+2=5 \longrightarrow 2+3=3+2$

$2\times3=6,\ 3\times2=6 \longrightarrow 2\times3=3\times2$

순서를 바꾼 덧셈과 곱셈의 결과를 비교해보았다. $2+3$과 $3+2$, 2×3과 3×2. 비교 결과 그 값은 같다. 다른 수의 경우에도 결과는 같다.

수를 대상으로 하는 덧셈이나 곱셈에서는 순서를 바꿔도 결과는 항상 같다. 고로 덧셈과 곱셈의 경우, 순서를 맘껏 바꿀 수 있다. 주어진 순서대로만 덧셈이나 곱셈을 할 필요가 없다. 원한다면 언제든지 순서를 바꿔 더하거나 곱해도 된다. 그러면 곤란한 상황을 피하고 무사히 답을 얻을 수 있다.

$3-8+10+2-4$ ① 빼기 연산을 모두 덧셈 연산으로 바꾼다.

$=3+(-8)+10+2+(-4)$ ② $(-8)+10$을 $10+(-8)$로 바꾼다.

$=3+10+(-8)+2+(-4)$ ③ 앞에서부터 계산한다.

$=5+2+(-4)$ ④ 순서대로 계산한다.

$=3$

$3\times(-2)$ ① 곱셈의 순서를 바꾼다.

$=(-2)\times3$ ② 곱셈을 덧셈의 반복으로 바꾼다.

$=(-2)+(-2)+(-2)$ ③ 음수의 덧셈을 한다.

$=-6$

수의 덧셈과 곱셈의 경우 순서를 바꿔도 된다. 순서를 바꿀 수 있을 때 교환법칙(commutative property)이 성립한다고 한다. 수에 대해 덧셈과 곱셈은 교환법칙이 성립한다.

덧셈과 곱셈에 대한 교환법칙은 수에 대해서 성립한다. 자연수뿐만 아니라 분수나 소수, 음수나 실수, 복소수에 대해서도 성립한다. 수를 대신하는 문자나 수식에 대해서도 그렇다. $a+b=b+a$. 값이 수로 표현되는 '경우의 수'나 확률에서도 교환법칙이 성립한다. 합사건($\cup$), 곱사건($\cap$), 확률의 덧셈정리, 확률의 곱셈정리는 모두 순서를 바꿔 연산해도 된다.

집합의 경우도 합집합이나 교집합에서 교환법칙이 성립한다. 원소를 모두 합친 집합, 같은 원소만을 모으는 집합이기에 순서에 상관이 없다. 합집합이나 교집합에서는 교환법칙을 마음껏 활용해도 된다.

$$A=\{2, 3, 5, 7\}$$

$$B=\{2, 4, 6, 8\}$$

$$A \cup B = B \cup A = \{2, 3, 4, 5, 6, 7, 8\}$$

$$A \cap B = B \cap A = \{2\}$$

순서를 바꾸면 안 되는 연산도 있다

순서를 바꾸면 결과가 달라지는 연산도 있다. 뺄셈과 나눗셈이 대표적이다. 수를 바꿔서 뺄셈과 나눗셈을 해보라. 결과가 같지 않다.

$$6-2=4,\ 2-6=-4 \longrightarrow 6-2\neq 2-6$$

$$6\div 2=3,\ 2\div 6=\frac{1}{3} \longrightarrow 6\div 2\neq 2\div 6$$

뺄셈과 나눗셈에서는 교환법칙이 성립하지 않는다. 뺄셈과 나눗셈에서 연산의 순서를 바꾸면 안 된다. 답이 달라진다. 정해진 순서 그대로 빼거나 나눠야 한다. 지수 연산에서도, 문자와 식의 연산에서도, 경우의 수나 확률의 연산에서도 그렇다. 집합의 뺄셈이라 할 수 있는 차집합에서도 교환법칙은 성립하지 않는다.

$A=\{2, 3, 5, 7\}$

$B=\{2, 4, 6, 8\}$

$A-B=\{3, 5, 7\}\neq B-A=\{4, 6, 8\}$

수학적 대상에 맞게 정의된 연산에서도 교환법칙이 성립하지 않는 경우가 있다. 함수를 합성하는 연산의 경우는 교환법칙이 성립하지 않는다. 아래 그림은 함수 f, g의 합성함수 g∘f이다. X를 함수 f에 의해 Y로 보내고, Y를 다시 함수 g에 의해 Z로 보낸다. 그러면 X의 각 원소는 Z의 원소에 대응한다.

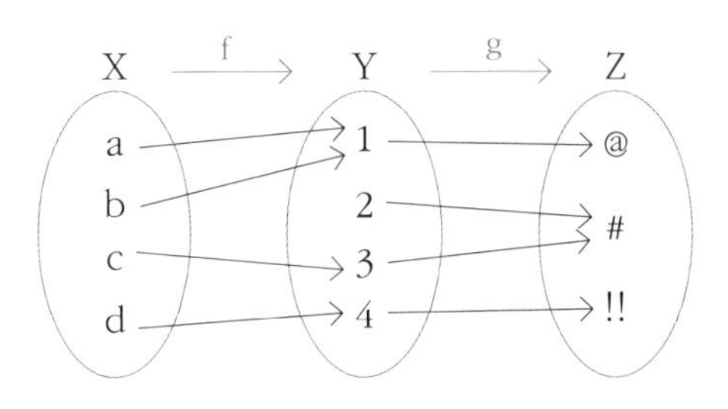

순서를 바꾼 합성함수 f∘g를 생각해보자. 합성함수 f∘g는 함수 g를 먼저 시행하고, 함수 f를 시행하라는 뜻이다. 그에 따라 Y를 Z에 대응시킨다. 이어서 함수 f를 시행해야 하는데 그럴 수 없다. 함수 f는 X를 Y에 대응시키지 Z를 대응시키지는 않기 때문이다. 합성함수 연산에서는 순서를 바꿀 수 없다.

수학은 우리에게 사랑을 더해주고,

미움을 없애는 방법을 가르쳐주지 않을지도 모른다.

그러나 수학은 모든 문제에는 해결책이 있다는 희망을 준다.

Mathematics may not teach us to add love or subtract hate,

but it gives us hope that every problem has a solution.

—

작자 미상

연산, 앞부터냐 뒤부터냐?

$3+5+7$	$3+5+7$	$3\times5\times7$	$3\times5\times7$
$=(3+5)+7$	$=3+(5+7)$	$=(3\times5)\times7$	$=3\times(5\times7)$
$=8+7$	$=3+12$	$=15\times7$	$=3\times35$
$=15$	$=15$	$=105$	$=105$

수 세 개의 덧셈과 곱셈이다. 앞에서부터 연산을 하나, 뒤에서부터 연산을 하나 답은 똑같다. 연산은 앞에서부터 순서대로 한다는 게 기본 원칙이다. 하지만 덧셈과 곱셈의 경우는 그 순서를 무시해도 된다. 필요하다면 뒤에서부터 덧셈과 곱셈을 해도 된다.

덧셈과 곱셈이 두 번 이상 연속되는 연산에서는 어디서부터 연산을 해도 상관이 없다. 어느 수부터 결합해도 괜찮다. 문제에 따라 상황에 따라 적용하면 된다. 결합법칙(associated law)이 성립한다. 결합법칙은 같은 연산이 두 번 이상 연속되는 경우에 해당한다.

$$
\begin{aligned}
&1+2+3+\cdots\cdots+97+98+99+100\\
&=1+100+2+99+3+98+\cdots\cdots+50+51\\
&=(1+100)+(2+99)+(3+98)+\cdots\cdots+(50+51)\\
&=101\times50\\
&=5050
\end{aligned}
$$

1부터 100까지 더하는 연산이다. 1에 2를 더하고, 거기에 3을 더하고, 거기에 4를 더하는 식으로 앞에서부터 하나하나 연산하는 게 기본적인 순서다. 하지만 결합법칙을 적용해 연산하면 보다 쉬워진다. 순서를 바꿔 배치한 후 두 개씩 묶어, 각 묶음의 합을 먼저 계산한다. 101이 50개다. 101×50으로 답을 한 방에 구할 수 있다. 결합법칙을 활용한 덕분이다.

결합법칙, 연산에 따라 다르다

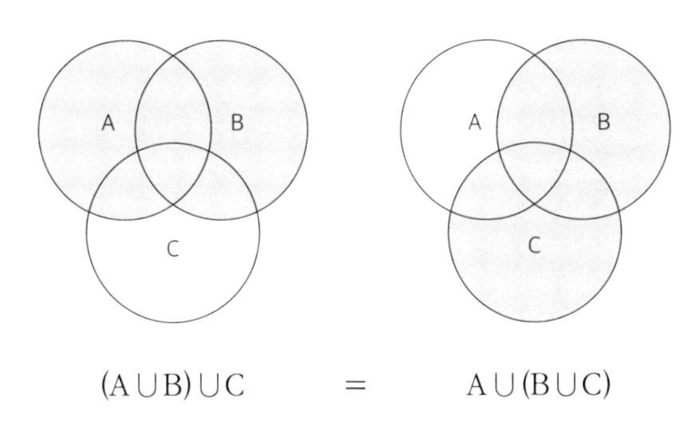

$(A \cup B) \cup C \quad = \quad A \cup (B \cup C)$

$(A \cup B) \cup C = A \cup (B \cup C)$이다. 연속되는 합집합일 경우 어디서부터 연산을 해도 결과는 같다. 결합법칙이 성립한다.

교집합에서도 다음 그림(142쪽)처럼 결합법칙이 성립한다. $(A \cap B) \cap C = A \cap (B \cap C)$이다.

합집합이나 교집합이 연속되는 경우 어디서부터 연산을 해도 된다.

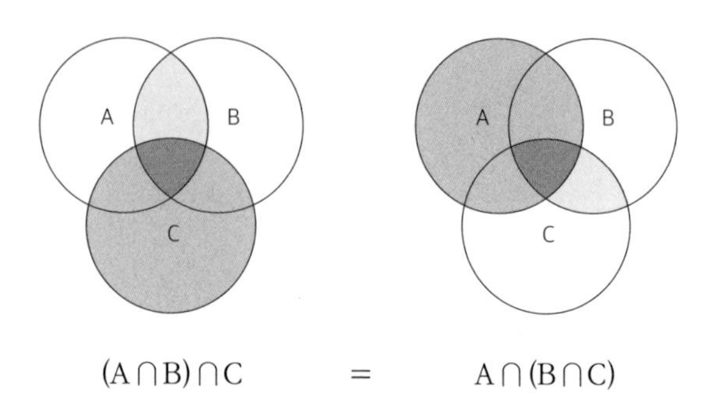

$(A \cap B) \cap C \quad = \quad A \cap (B \cap C)$

빼셈과 나눗셈은 결합법칙도 성립하지 않는다. 빼셈과 나눗셈을 앞에서부터 하느냐 뒤에서부터 하느냐에 따라 답이 달라진다.

$24-6-2$		$24\div6\div2$	
$(24-6)-2$	$24-(6-2)$	$(24\div6)\div2$	$24\div(6\div2)$
$=18-2$	$=24-4$	$=4\div2$	$=24\div3$
$=16$	$=20$	$=2$	$=8$

곱셈에서는 연산을 분배해줄 수도 있다

$2\times(3+4)$	$2\times3+2\times4$	$24\div(2+4)$	$24\div2+24\div4$
$=2\times7$	$=6+8$	$=24\div6$	$=12+6$
$=14$	$=14$	$=4$	$=18$
$\therefore 2\times(3+4)=2\times3+2\times4$		$\therefore 24\div(2+4)\neq24\div2+24\div4$	

괄호가 포함된 곱셈과 나눗셈이다. 괄호부터 계산하는 게 원칙이다. 하지만 $2\times(3+4)=2\times3+2\times4$이다. 괄호 안을 먼저 더한 후 곱하는 것과, 괄호 안의 수 각각에 곱셈을 해준 다음에 더하는 것의 크기는 같다. 괄호 안의 수를 꼭 먼저 계산하고 곱해주지 않아도 된다. 곱셈을 먼저 골고루 분배해준 다음에 그 결과를 차례차례 더해도 된다. 분배법칙(distributive law)이 성립한다.

나눗셈에서는 분배법칙이 성립하지 않는다. 괄호 안의 수들에 나눗셈을 분배한 후 계산한 결과는, 괄호 안을 계산한 후 나눗셈을 한 결과와 다르다. 나눗셈에서는 분배법칙을 적용해서는 안 된다. 괄호 안을 먼저 계산한 후 나눗셈을 해야 한다. 덧셈과 뺄셈에서도 분배법칙은 성립하지 않는다. 그냥 괄호부터 먼저 계산하면 된다.

$3+(4+5)$	$(3+4)+(3+5)$	$12-(3+4)$	$(12-3)+(12-4)$
$=3+9$	$=7+8$	$=12-7$	$=9+8$
$=12$	$=15$	$=5$	$=17$
$\therefore 3+(4+5)\neq(3+4)+(3+5)$		$\therefore 12-(3+4)\neq(12-3)+(12-4)$	

사칙연산 중에서 분배법칙이 성립하는 것은 곱셈뿐이다. 곱셈인 경우만 분배법칙을 적용해 연산할 수 있다. 그때 괄호 안은 덧셈이어야 한다. 덧셈이라지만 뺄셈이어도 상관없다. 뺄셈을 음수의 덧셈으로 바꿀 수 있다.

$$3\times(7-2)=3\times\{7+(-2)\}=3\times7+3\times(-2)=21-6=15$$

곱셈일지라도 괄호 안의 수들이 곱셈이나 나눗셈일 경우는 분배법칙이 성립되지 않는다. $3\times(7\times2)$은 $(3\times7)+(3\times2)$과도 $(3\times7)\times(3\times2)$과도 다르다. 오직 괄호 안이 덧셈(뺄셈)일 경우 곱셈을 분배해줄 수 있다. 그래서 덧셈에 대한 곱셈의 분배법칙이라고 말한다.

세상을 계산하지 마라.

이 세상은 거짓이다.

계산하려고 멈추지 마라. 계속 움직여라.

Don't calculate the world.

This world is untruthful.

Don't stop to do calculation, just keep on moving.

—

영적 지도자 다다 방완(Dada Bhagwan, 1908~1988)

집합에서의 분배법칙

합집합과 교집합에서도 분배법칙이 성립한다. 이때 부호에 주의해야 한다. $A \cup (B \cap C)$와 $(A \cup B) \cap (A \cup C)$를 벤다이어그램으로 비교해보라. 두 영역은 똑같다. 교집합에 대한 합집합의 분배법칙이 성립한다.

$$A \cup (B \cap C) = (A \cup B) \cap (A \cup C)$$

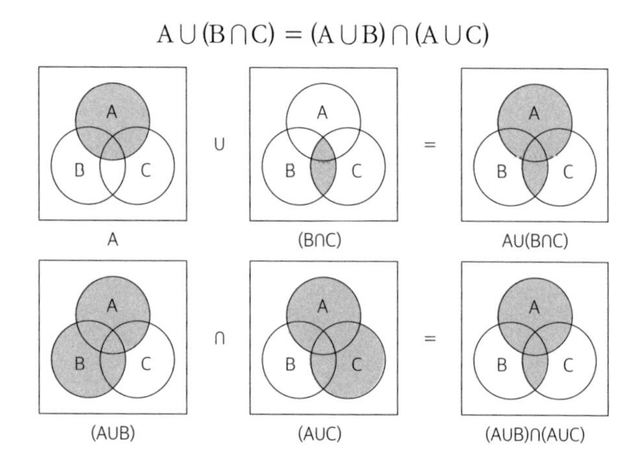

합집합과 교집합의 위치를 바꿔도 된다. $A \cap (B \cup C)$와 $(A \cap B) \cup (A \cap C)$를 비교해보라. 합집합에 대한 교집합의 분배법칙도

역시 성립한다.

$$A \cap (B \cup C) = (A \cap B) \cup (A \cap C)$$

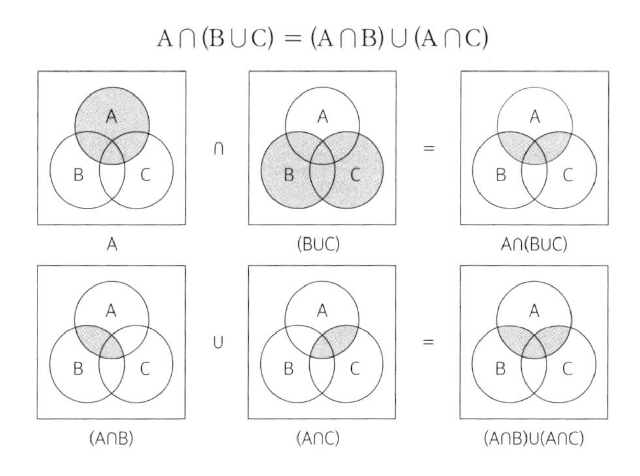

분배법칙은 식의 전개에서 많이 활용된다. 분배법칙을 적용하면 식이 훨씬 깔끔하게 정리된다. 연산이 훨씬 쉬워진다.

$$\begin{aligned}&(a+b)(a-b)\\&=(a+b)\times a-(a+b)\times b\\&=a^2+ab-ab-b^2\\&=a^2-b^2\end{aligned}$$

$$\begin{aligned}&102\times 98\\&=(100+2)(100-2)\\&=100^2-2^2\\&=10000-4\\&=9996\end{aligned}$$

연산의 고수는, 배치의 고수다

일반적인 연산은 두 개의 대상을 하나의 대상으로 바꾼다. 수 두 개를 받아서 하나의 수로 만들거나, 집합 두 개를 받아서 하나의 집합으로 만든다. 두 개의 대상을 적절하게 그리고 교묘하게 결합하는 작용이다. 서로 다른 물질이 결합해 새로운 물질을 만들어내는 화학적 결합과 같다.

연산을 잘한다는 것은, 수나 수학적 대상들 간의 화학적 결합을 잘한다는 말과 같다. 연산을 잘하려면 실험자의 손길처럼 섬세해야 한다. 어떤 대상에 대한 연산인지, 어떤 연산과 배치가 가능한가를 미리 꼼꼼하게 파악해야 한다.

연산의 고수는, 화학적 결합의 고수다. 그런 고수들의 비법은 배치다. 위치를 바꾸거나 결합하는 순서를 바꿔가며 딱 맞는 순간을 포착한다. 교환법칙, 결합법칙, 분배법칙이 그런 고수가 즐겨 사용하는 테크닉이다. 연산은 배치의 예술이고, 연산하는 사람은 예술가이다.

퍼즐을 맞출 때 요리조리 돌려본다.

딱 맞는 위치와 배치를 찾아간다. 연산도 그렇다.

연산이 가능하도록 주어진 대상들의 배치를 이리저리 바꿔본다.

연산의 고수는 배치의 고수다.

—

© Sanga Park

10

부호(+, −)의 연산

수에는 부호가 있다. 양수에는 + 부호가, 음수에는 – 부호가 붙는다. 양수인 경우에는 + 부호를 생략하지만, 수는 늘 부호와 동행해야 한다. 0은 예외적으로 부호가 없다. 그것이 수의 기본 원칙이다. 모든 연산에서는 수의 부호에 관한 연산도 꼭 다뤄줘야 한다. 크기는 크기대로, 부호는 부호대로.

수직선, 음수 연산의 근거가 아니다

연산에서 부호가 문제가 된 것은 음수 때문이다. 음수가 등장하면서 수의 부호가 어떻게 변하는지도 따져줘야 했다. 음수 연산을 설명할 때 가장 쉽게 떠오르는 건 수직선이다.

수직선에서 양수는 오른쪽 방향을, 음수는 왼쪽 방향을 뜻한다. 양수는 0의 오른쪽에 있는 수이고, 음수는 0의 왼쪽에 있는 수이다. 덧셈 연산은 오른쪽으로, 뺄셈 연산은 왼쪽으로 이동하는 것이다. 다음과 같이 음수에 대한 연산을 '구구절절하게' 설명하곤 한다.

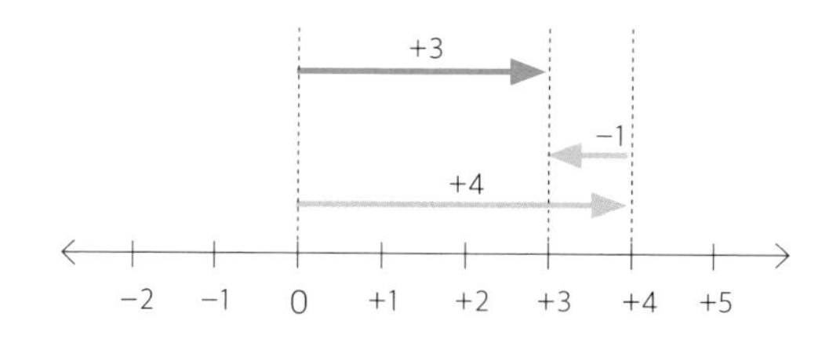

(+4)+(−1)을 수직선으로 설명했다. +4의 위치에서 −1, 즉 왼쪽으로 1만큼 간다. 최종 위치는 0에서 오른쪽으로 3만큼 떨어진 곳, +3이다. 제법 그럴싸한 설명이다.

그런데 연산에는 뺄셈, 곱셈, 나눗셈도 있다. 수직선으로 음수의 덧셈 규칙을 해결했다면, 나머지 연산도 해결해야 한다. 책이나 참고자료를 찾아보라. 음수의 덧셈 정도만 수직선을 이용해 설명한다. 나머지 연산은 수직선으로 깔끔하게 설명하지 않는다. 왜? 제대로 설명이 안 되기 때문이다.

$\frac{2}{3}\times(-\frac{4}{7})$ 또는 $\frac{1}{2}\div(-\frac{4}{7})$ 같은 분수의 곱셈이나 나눗셈을 수직선으로 해낼 수 있을까? 수직선으로 이런 연산을 설명하는 자료는 그 어디에도 없다. $(-2)\times3$이나 $6\div2$처럼 아주 간단한 정수의 곱셈이나 나눗셈 정도만 꾸역꾸역 설명한다.

수직선은 연산 규칙을 이끌어내는 근거가 아니다. 이미 정해진 연산 규칙을 눈에 보이게끔 설명하는 보조 도구일 뿐이다. 그 설명도 몇 가지로 제한되어 있다. 수직선을 만든 의도도 그러했다. 음수와 음수가 포함된 덧셈과 뺄셈 정도를 눈에 보이게 해주고자, 17세기 영국의 수학자 존 월리스가 만들었다.

CHAP. LXVI. *Of Negative Squares.* 265

Yet is not that Suppoſition (of Negative Quantities,) either Unuſeful or Abſurd; when rightly underſtood. And though, as to the bare Algebraick Notation, it import a Quantity leſs than nothing: Yet, when it comes to a Phyſical Application, it denotes as Real a Quantity as if the Sign were +; but to be interpreted in a contrary ſenſe.

As for inſtance: Suppoſing a man to have advanced or moved forward, (from A to B,) 5 Yards; and then to retreat (from B to C) 2 Yards: If it be asked, how much he had Advanced (upon the whole march) when at C? or how many Yards he is now Forwarder than when he was at A? I find (by Subducting 2 from 5,) that he is Advanced 3 Yards. (Becauſe $+5-2=+3$.)

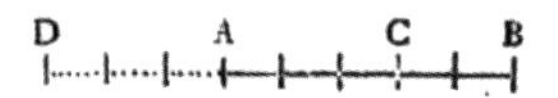

존 월리스의 『대수학』의 일부(1685)

(+5)+(−8)을 보여준다.

A가 원점이다. +5는 B이다.

−8을 더한다는 것은, B에서 뒤로 8만큼 가는 것이다.

−3에 해당하는 D가 된다. 음수의 덧셈을 간단히 보여준다.

수직선은 딱 거기까지다. 연산 규칙의 근거일 수는 없다.

계산은 결코 영웅을 탄생시키지 못했다.

Calculation never made a hero.

—

성공회 신부 존 헨리 뉴먼(John Henry Newman, 1801~1890)

음수가 포함된 사칙연산은 이렇게!

음수가 포함된 사칙연산의 근거는 논리적 규칙이다. 논리적으로 따져보고 문제가 없도록 규칙을 만들어주면 된다. 수학은 그런 규칙을 이미 완벽하게 정립해뒀다. 어떤 경우에도 모순이 발생하지 않도록 다음과 같이 규칙을 설정했다. 부호와 크기를 분리해서 연산하면 된다.

	부호가 같은 경우	부호가 다른 경우
덧셈	크기: 절댓값을 더한다. 부호: 같은 부호를 붙인다. $(+2)+(+3)=+(2+3)=+5$ $(-3)+(-4)=-(3+4)=-7$	크기: 절댓값을 뺀다. 부호: 절댓값이 큰 부호를 붙인다. $(+5)+(-8)=-(8-5)=-3$ $(+9)+(-2)=+(9-2)=+7$
곱셈	크기: 절댓값을 곱한다. 부호: +를 붙인다. $(+2)\times(+3)=+(2\times3)=+6$ $(-3)\times(-4)=+(3\times4)=+12$	크기: 절댓값을 곱한다. 부호: −를 붙인다. $(+3)\times(-5)=-(3\times5)=-15$ $(-2)\times(+7)=-(2\times7)=-14$

* 뺄셈은 덧셈으로 바꿔 연산한다.
* 나눗셈은 역수의 곱셈으로 바꿔 연산한다.

뺄셈이 나오면 덧셈으로 바꿔라. 빼기(−)를 더하기(+)로 바꾸면 된다. 단, 뒤에 오는 수의 부호도 같이 바꿔라. 그리고 덧셈을 하면 된다.

뺄셈: 부호를 바꾼 수의 덧셈으로 바꿔라.

$(+3)-(+5)=(+3)+(-5)=-(5-3)=-2$

$(-7)-(-9)=(-7)+(+9)=+(9-7)=+2$

나눗셈은 곱셈으로 바꾼다. 역수의 곱셈이다. 역수의 부호는 원래 부호와 똑같다. 이 방법이 제일 편하다.

나눗셈: 역수의 곱셈으로 바꿔라.

$(+12)\div(-3)=(+12)\times(-\frac{1}{3})=-(12\times\frac{1}{3})=-4$

$(-15)\div(-5)=(-15)\times(-\frac{1}{5})=+(15\times\frac{1}{5})=+3$

음수에 대한 정의로부터!

그런데 왜 음수 곱하기 음수는 양수인 걸까? 그 근거를 알아두면 사칙연산의 규칙을 이해하고 적용하기가 훨씬 쉬워진다. 규칙이 그렇게 된 과정과 근거를 살펴보자. (관심 없다면 사뿐히 넘어가도 괜찮다.)

음수가 포함된 사칙연산이 문제가 된 것은 음수 때문이었다. 문제를 해결하려면 음수가 뭔지를 수학적으로 엄밀히 정의해야 했다.

음수를 어떻게 정의할 수 있을까? 빚이나 손해 같은 개념은 수학적이지 않다. 수나 기호로 명확하게 표현되지 않는다. 게다가 그런 정의로는 $(-2)\times(-3)$ 같은 문제를 해결할 수 없다. 음수가 연산에서 부딪칠 수 있는 모든 경우를 거뜬하게 처리해낼 수 있는 정의가 필요하다.

수학자들은 음수를 독립적으로 정의해보고자 했다. 하지만 완전하게 정의하는 데는 성공하지 못했다. 그래서 주목한 것이 양수와 음수의 관계였다. 양수를 통해 간접적으로 정의해보고자 했다.

$$(+3)+(-3)=0 \longrightarrow +3=0-(-3)$$

$$-3=0-(+3)$$

크기가 같은 양수와 음수를 더하면 0이 된다. 너무도 당연하다. 여기에서 −3은 0에서 +3을 뺀 수였다. −3이라는 수를 0과 양수 그리고 뺄셈으로 표현했다. 그런데 0이나 양수 그리고 뺄셈은 이미 완전히 정의되어 있었다. 이 관계를 통해 음수를 정의할 수 있었다.

$$-3=0-(+3) \longrightarrow \text{음수}=0-(\text{같은 크기의 양수})$$

음수란, 같은 크기의 양수를 더했을 때 0이 되는 수였다. 음수란, 0에서 같은 크기의 양수를 뺀 수였다. 이렇게 양수의 세계에서 정의된 기호로 음수를 정의했다.

사랑의 계산에서 1 더하기 1은 모든 것이다.

2 빼기 1은 아무것도 아니다.

In the arithmetic of love, one plus one equals everything,

and two minus one equals nothing.

—

기자 미뇽 맥로린(Mignon McLaughlin, 1913~1983)

음수의 덧셈

양수의 덧셈은 어렵지 않다. 굳이 따로 다룰 필요가 없다. 문제가 되는 음수만 다뤄보자. 가장 먼저 음수의 덧셈이다. 음수의 덧셈은 두 가지 경우가 있다. $(+5)+(-3)$처럼 양수에 음수를 더하는 경우와, $(-5)+(-3)$처럼 음수에 음수를 더하는 경우다.

음수의 덧셈에는 음수의 정의를 적용하면 된다. 음수를 '0−양수'로 바꿔 계산한다. 그리고 '0−양수'가 보이면 음수로 바꿔준다.

$(+5)+(-3)$	① -3을 $0-(+3)$으로 바꾼다.
$=(+5)+0-(+3)$	② 교환법칙을 이용해 $(+5)+0$의 순서를 바꾼다.
$=0+(+5)-(+3)$	③ $(+5)-(+3)$을 계산한다.
$=0+(+2)$	④ 계산한다.
$=+2$	

→ 양수에 음수를 더하는 경우: $(+5)+(-3)=+(5-3)=+2$

절댓값을 빼고, 절댓값이 큰 수의 부호를 취한다.

$(-5)+(-3)$	① 음수를 '0−양수'로 바꾼다.
$=0-(+5)+0-(+3)$	② 교환법칙을 이용해 $-(+5)+0$의 순서를 바꾼다.
$=0+0-(+5)-(+3)$	③ 두 수를 묶는다.
$=0-\{(+5)+(+3)\}$	④ 양수의 덧셈을 한다.
$=0-(+8)$	⑤ '0−양수'를 음수로 바꿔준다.
$=-8$	

→ 음수에 음수를 더하는 경우: $(-5)+(-3)=-(5+3)=-8$

절댓값을 더하고, 음(−)의 부호를 취한다.

음수의 뺄셈

음수의 뺄셈도 음수의 덧셈과 마찬가지로 두 가지 경우가 있다. $(+5)-(-3)$처럼 양수에서 음수를 빼는 경우와, $(-5)-(-3)$처럼 음수에서 음수를 빼는 경우다. 문제가 되는 부분은 $-(-3)$이다. 이 부분을 연산 가능하도록 고쳐야 한다. 음수의 정의를 이용해 연산해볼 수도 있지만, 더 쉬운 방법이 있다. 덧셈과 뺄셈의 관계를 활용하면 된다.

$$(+3)+(-3)=0 \xrightarrow{-(-3)=\square} (+3)=0-(-3)$$

$$(+3)=0+\square$$

$$(+3)=\square$$

$(+3)+(-3)=0$이라면 $(+3)=0-(-3)$이다. 여기서 $-(-3)=\square$라고 해보자. $(+3)=0+\square$이므로 $\square=+3$이 되어야 한다. $-(-3)=+3$이다. 음수의 뺄셈은, 양수의 덧셈이 된다. 이 관계를 이용해 음수의 뺄셈을 하면 된다.

$(+5)-(-3)$ ① $-(-3)$을 $+3$으로 바꾼다.

$=(+5)+(+3)$ ② 양수의 덧셈을 한다.

$=+8$

→ 양수에서 음수를 빼는 경우: $(+5)-(-3)=(+5)+(+3)=+8$

양수의 덧셈이 된다.

$(-5)-(-3)$ ① $-(-3)$을 $+3$으로 바꾼다.

$=(-5)+(+3)$ ② -5를 $0-(+5)$로 바꾼다.

$=0-(+5)+(+3)$ ③ $-(+5)+(+3)$을 $(+3)-(+5)$로 바꾼다.

$=0+(+3)-(+5)$ ④ 양수의 뺄셈을 한다.

$=0-(+2)$ ⑤ $0-(+2)$를 -2로 바꾼다.

$=-2$

→ 음수에서 음수를 빼는 경우: $(-5)-(-3)=(-5)+(+3)=-2$

양수의 덧셈이 된다.

$-(-3)=+3$이기에, 음수의 뺄셈은 양수의 덧셈이 된다. 음수의 뺄셈을 양수의 덧셈으로 바꾼 다음, 덧셈 규칙에 따라 계산하면 된다.

음수의 곱셈과 나눗셈

음수가 포함된 곱셈을 보자. 음수가 하나만 포함되거나, 음수가 둘 다 포함되는 경우다. 이 곱셈에서는 양수끼리의 곱셈과, 곱셈의 분배법칙을 적용한다. 음수의 정의도 활용한다.

$(+2)\times(-3)$	① 정의에 따라 음수를 '0−양수'로 바꾼다.
$=+2\times\{0-(+3)\}$	② 분배법칙을 적용한다.
$=(+2)\times0-(+2)\times(+3)$	③ 각각 곱셈을 한다.
$=0-(+6)$	④ 정의에 따라 음수로 바꾼다.
$=-6$	

$(+2)\times(-3)$을 논리적 규칙만을 적용해 연산해보았다. 답은 -6이다. 두 수의 부호가 다른 곱셈은 두 수를 곱하고 −를 붙이면 된다. $(+2)\times(-3)=-6$이다. 여기에 순서를 바꿔 연산한다는 교환법칙을 적용해보자. $(+2)\times(-3)=(-3)\times(+2)=-6$이다.

$(+2)\times(-3)=(-3)\times(+2)=-6$에 곱셈과 나눗셈의 관계를 적용해보자. 그러면 또 다른 규칙이 얻어진다.

$$(+2)\times(-3)=-6 \longrightarrow (-6)\div(+2)=-3$$
$$(-6)\div(-3)=+2$$

$(-6)\div(-3)=+2$라는 결과를 보자. $(-6)\div(-3)=(-6)\times(-\frac{1}{3})=+2$. 음수와 음수의 곱셈은 양수가 돼야 한다. 이 규칙은 부호가 다른 두 수의 곱셈 규칙으로부터 얻어졌다. 부호가 다른 두 수의 곱셈이 음수라면, 부호가 같은 두 수의 곱셈은 양수다. 이 결과는 다른 방식으로도 확인된다.

$(-3)\times(-4)$	① 정의에 따라 (-4)를 $0-(+4)$로 바꾼다.
$=(-3)\times\{0-(+4)\}$	② 분배법칙을 적용한다.
$=(-3)\times0-(-3)\times(+4)$	③ 각 곱셈을 수행한다.
$=0-(-3)\times(+4)$	④ 부호가 다른 곱셈의 규칙에 따라 곱셈을 한다.
$=0-(-12)$	⑤ 음수의 뺄셈 규칙에 따라 수를 바꾼다.

$=0+(+12)$ ⑥ 덧셈을 수행한다.

$=+12$

음수의 나눗셈은 역수의 곱셈으로 바꾸면 된다. 결국 음수의 나눗셈은 음수의 곱셈으로 바뀐다. 역수의 곱셈으로 바꿔, 곱셈을 하면 끝이다. 부호의 관점에서, 음수의 나눗셈은 음수의 곱셈과 같다. 두 수의 부호가 같으면 +, 부호가 다르면 −이다.

$$(+12)\div(-3)=(+12)\times(-\frac{1}{3})=-(12\times\frac{1}{3})=-4$$

$$(-15)\div(-5)=(-15)\times(-\frac{1}{5})=+(15\times\frac{1}{5})=+3$$

마리 앙투아네트는 1755년 오스트리아의 마리아 테레지아 황후와
프란시스 1세 황제의 막내딸로 태어났다. 그녀는 지적이고
예술적이었다. 그러나 프랑스 궁정의 악취 나는 분위기에서
살아남는 데 필요한 야망이나 계산력이 없었다.

Marie-Antoinette was born in 1755, the youngest daughter of Empress
Maria Theresa of Austria and Emperor Francis I. She was intelligent and
artistic but devoid of the ambition or calculation required to survive in
the fetid atmosphere of the French court.

—

역사가 아만다 포먼(Amanda Foreman, 1968~)

11

헷갈리고 틀리기 쉬운 연산 규칙들

사칙연산은 1+1=2를 토대로 한다. 들여다보면 대부분의 규칙은 충분히 합리적이다. 그럴 만하다. 하지만 연산의 대상이 확대되면서 직관적으로 이해되지 않는 규칙들도 출현했다. 연산 자체가 안 될 것 같은데 되는 규칙들도 있다. 헷갈리고 틀리기 쉬운 규칙들을 살펴보자.

$3\times0=?$
어떤 수에 0을 곱하면?

3×0, 3에 0을 곱하면 뭐가 될까? 곱셈을 덧셈의 반복으로 해석하면 답을 찾기가 곤란하다. 3을 0번 더한다는 말 자체를 이해하기 어렵다. 0번을 더한다는 게, 더한다는 건지 안 더한다는 건지 헷갈린다. 3×0의 답을 유추하는 길은 논리적 추론밖에 없다. 옳다고 확인된 규칙을 통해 3×0의 답을 뭐라고 하는 게 좋을지 따져봐야 한다. 3×0의 답, 발견하는 게 아니라 발명해야 한다.

$3\times4=12$	① 4를 4+0으로 바꾼다.
$3\times(4+0)=12$	② 분배법칙을 적용한다.
$3\times4+3\times0=12$	③ 곱셈을 한다.
$12+3\times0=12$	④ 덧셈과 뺄셈의 관계를 적용한다.
$3\times0=12-12$	⑤ 뺄셈을 한다.
$3\times0=0$	

3×0=0이 되어야 한다. 3×4=12가 옳다면 3×0=0이어야 한다. 어떤 수에 0을 곱하면 0이다.

$0 \times 0 = ?$
0에 0을 곱하면?

어떤 수에 0을 곱하면 0이다. 그 어떤 수의 자리에 0이 들어가면 어떻게 될까? $0 \times 0 = ?$ 0을 0번 더한다는 식의 해석은 역시나 어색하다. $3 \times 0 = 0$으로부터 유도해보자.

$3 \times 0 = 0$	① 3을 $3+0$으로 바꾼다.
$(3+0) \times 0 = 0$	② 분배법칙을 적용한다.
$3 \times 0 + 0 \times 0 = 0$	③ $3 \times 0 = 0$을 적용한다.
$0 + 0 \times 0 = 0$	④ 덧셈과 뺄셈의 관계를 적용힌다.
$0 \times 0 = 0 - 0$	⑤ $0 - 0 = 0$이다.
$0 \times 0 = 0$	

$0 \times 0 = 0$이다. $3 \times 0 = 0$으로부터 나온 결론이기에 타당하다. $0^3 = 0^2 \times 0 = 0 \times 0$이므로 $0^3 = 0$이다. 0^4, 0^{100}도 0이다. $0^n = 0$이다.

0÷3=?
0을 어떤 수로 나누기

나눗셈은 곱셈으로 바꿔서 한다. 역수를 곱하거나, 곱셈의 역연산으로 바꿔서 생각한다. 그게 나눗셈을 하는 보다 쉬운 방법이다.

0÷3, 0을 어떤 수로 나눈다. 0÷3의 답을 □라고 한다면, 0÷3=□이다. 곱셈으로 바꾸자.

$$0 \div 3 = \square \longrightarrow 3 \times \square = 0$$

0÷3을 하라는 건, 3에 곱했을 때 0이 되는 수를 찾으라는 말이다. 그런 수는 0이다. 3에 0을 곱해야만 0이 된다. 어떤 수에 0을 곱하면 0이 되니까! 0을 0이 아닌 수로 나누면 0이다.

$$0 \div 3 = 0,\ 0 \div n = 0$$

$3 \div 0 = ?$
어떤 수를 0으로 나누기

$3 \div 0$을 생각해보자. $3 \div 0 = \square$이니, $0 \times \square = 3$이 되는 수를 찾으면 된다.

$$3 \div 0 = \square \longrightarrow 0 \times \square = 3$$

0에 어떤 수를 곱해야 3이 되는 걸까? 그런 수는 없다. 어떤 수가 오더라도 0을 곱하면 0이다. $0 \times \square = 0$이다. $0 \times \square = 3$을 만족시키는 수 □는 존재하지 않는다.

$3 \div 0$의 값은 존재하지 않는다. 그 값이 존재한다면 모순이 생긴다. 잘 돌아가고 있던 곱셈의 규칙과 충돌한다. 그럴 수는 없다. 세계가 무너지는 일은 막아야 한다. 방법은 하나다. 0으로 나누기를 예외로 빼버려야 한다.

어떤 수를 0으로 나누는 것은 불능이다. 답은 0이 아니다. 이 연산 자체를 할 수 없는 거다. 나눗셈 연산에서 유일한 예외다. 딴짓은 다 하더라도 0으로 나누기만은 안 된다. $0 \div 0$도 금지다.

블랙홀의 특이점과 0 블랙홀에는 특이점이 있다고 한다. 엄청난 중력으로 인해 시공간은 사라진다. 일반적인 물리법칙이 성립하지 않는다. 0은 나눗셈의 특이점이다. 나눗셈의 일반 규칙이 적용되지 않는다. © Henning Dalhoff/Science Source

0으로 나누기는 컴퓨터에서도 금지되어 있다. 계산기나 컴퓨터에 0으로 나누기를 입력하면 error라는 메시지가 뜬다. 입력 자체가 오류라는 거다. 사칙연산의 유일한 예외다. 그걸 무시하면 세계는 멈춰버린다. 0으로 나누기를 입력해 멈춰버린 1997년의 미군 함정 USS 요크타운처럼 말이다. 0으로 나누는 순간 수학은 붕괴한다. 그 수학을 활용하고 있는 일상 역시 붕괴할지도 모른다.

블랙홀은 우주를 0으로 나눠버리는 신으로부터 만들어진다.

Black holes result from God dividing the universe by zero.

—

코미디언 스티븐 라이트(Steven Wright, 1955~)

지수끼리의 사칙연산

지수의 사칙연산에는 두 가지 경우가 있다. 2^3+2^5이나 $2^3\times2^5$처럼 밑이 같은 지수끼리의 사칙연산과 2^3+3^5이나 $2^3\times3^5$처럼 밑이 다른 지수끼리의 사칙연산. 밑이 같은 경우를 먼저 이해해보자. 정의에 따라 지수를 곱셈으로 바꿔 계산해보면 된다.

$$2^5+2^3=2\times2\times2\times2\times2+2\times2\times2=2\times2\times2(2\times2+1)$$
$$=2^3(2^2+1)$$
$$2^5-2^3=2\times2\times2\times2\times2-2\times2\times2=2\times2\times2(2\times2-1)$$
$$=2^3(2^2-1)$$
$$2^5\times2^3=(2\times2\times2\times2\times2)\times(2\times2\times2)$$
$$=2\times2\times2\times2\times2\times2\times2\times2=2^8=2^{5+3}$$
$$2^5\div2^3=(2\times2\times2\times2\times2)\div(2\times2\times2)=2\times2=2^2=2^{5-3}$$

밑이 같은 경우, 덧셈과 뺄셈에서는 두 수를 묶을 수 있다. 곱셈에서는 두 지수를 더하면 된다. 곱셈이기에 지수를 곱하면 될 것 같지만, 지수를 더해야 한다. 나눗셈에서는 지수를 뺀다.

$a^m \times a^n = a^{m+n}$: 밑이 같은 지수의 곱셈은, 지수끼리의 덧셈.

$a^m \div a^n = a^{m-n}$: 밑이 같은 지수의 나눗셈은, 지수끼리의 뺄셈.

이 지수법칙을 이용하면 $(2^3)^5$이나 $(2^2 3^3)^5$ 같은 연산에 대한 규칙도 쉽게 얻어낼 수 있다.

$$(2^3)^5 = (2^3) \times (2^3) \times (2^3) \times (2^3) \times (2^3) = 2^{3+3+3+3+3} = 2^{3\times5} = 2^{15}$$

$$\rightarrow (a^m)^n = a^{m\times n}$$

$$(2^2 3^3)^5 = (2^2 3^3) \times (2^2 3^3) \times (2^2 3^3) \times (2^2 3^3) \times (2^2 3^3)$$

$$= (2^2 \times 2^2 \times 2^2 \times 2^2 \times 2^2) \times (3^3 \times 3^3 \times 3^3 \times 3^3 \times 3^3)$$

$$= 2^{2+2+2+2+2} \times 3^{3+3+3+3+3} = 2^{10} 3^{15} = 2^{2\times5} 3^{3\times5}$$

$$\rightarrow (ab)^m = a^m b^m,\ (a^m b^n)^k = a^{m\times k} b^{n\times k}$$

밑이 다른 지수의 경우는 마땅한 지수법칙이 존재하지 않는다. 밑이 달라서 하나의 지수로 묶을 수가 없다. 덧셈과 뺄셈은 그대로 두어야 하고, 곱셈과 나눗셈은 기호만 생략하는 것으로 만족해야 한다.

$$2^5 \times 4^3 = 2^5 \cdot 4^3 \qquad 2^5 \div 4^3 = \frac{2^5}{4^3}$$

$3^0=?$
0제곱

지수는 처음에 자연수였다. 어떤 수를 0번 또는 −2번 곱할 수는 없었다. 하지만 언제까지나 자연수만 지수의 자리를 차지할 수는 없었다. 자연수 외의 수들도 지수에 포함되었다. 지수가 0이나 음수인 경우도 다뤄야 했다.

3^0, 곱셈의 반복으로는 그 값을 정할 수 없다. 역시나 논리적으로 추리해봐야 한다. 밑이 같은 지수법칙 $a^m \div a^n = a^{m-n}$을 활용하면 된다.

3^0	① 0을 3−3으로 바꾼다.
$=2^{3-3}$	② 지수법칙 $a^m \div a^n = a^{m-n}$을 적용한다.
$=2^3 \div 2^3$	③ 지수를 곱셈으로 바꾼다.
$=\dfrac{2\times2\times2}{2\times2\times2}$	④ 나눗셈을 하면서 약분한다.
$=1$	

$\therefore a^0=1$

수학은 이런 목적을 위해서 발명된 개념과 규칙을 지닌,

아주 잘 만들어진 연산의 과학이다.

Mathematics is the science of skillful operations

with concepts and rules invented just for this purpose.

—

물리학자 유진 위그너(Eugene Wigner, 1902~1995)

$0^0=?$
0의 0제곱

0^0, 느낌상으로는 0이 되어야 할 것 같지 않은가? 0을 더하거나 곱해봐야 0이니 0^0도 0이 될 것만 같다. 하지만 수학은 느낌대로만 흘러가지 않는다. 따져봐야 한다.

$a^0=1$이라는 규칙에 따르면 0^0도 1이 되어야 한다. 0밖에 없던 세계에서 갑자기 1이 튀어나왔다. $0^0=1$이라는 주장을 뒷받침하는 사례도 언급되곤 한다.

$f(x)=x^2+2x+1$에서 1은 상수항이다. $x=0$을 대입하면 $f(0)=1$이다. 상수항은 차수가 0인 다항식이기도 하다. 그러면 $f(x)=x^2+2x^1+1x^0$이다. $x=0$을 대입하면, $f(0)=0^2+2\times0^1+1\times0^0$이다. 이 값은 1이 되어야 한다.

$f(x)=x^2+2x^1+1x^0$	① $x=0$을 대입한다.
$0^2+2\times0^1+1\times0^0=1$	② $0^n=0$이다.
$0+0+0^0=1$	③ $0+0=0$이다.
$0^0=1$	

상수를 포함한 f(x)의 값으로부터 추론해보면 $0^0=1$이다. 정말 이상하다. 수학이 원래 이상한 학문이었으니 그럴 수도 있겠지 하며 넘어가야 할까?

그런데 0^0과 관련될 법한 다른 규칙도 있다. 0의 거듭제곱이다. 0은 거듭제곱해도 0이다. $0^n=0$이다. 이 규칙에 기대면 $0^0=0$이 될 것도 같다. $0^0=1$일까? $0^0=0$일까? 문제가 발생하지 않는지 거꾸로 확인을 해보자. $0^n=0$임을 활용하자.

$0^0=1$이라면	$0^0=0$이라면
$0^0=1$	$0^0=0$
$0^{3-3}=1$	$0^{3-3}=0$
$0^3\div0^3=1$	$0^3\div0^3=0$
$0\div0=1$	$0\div0=0$

$0^0=0$이면 $0\div0=0$이고, $0^0=1$이라면 $0\div0=1$이다. 이 결과는 기존의 규칙과 충돌한다. 수학에서 0으로 나누기는 금지였지 않은가? 0^0의 값을 0 또는 1이라고 하는 순간 0으로 나누기의 값이 존재하게 된다. 그럴 수는 없다.

0^0의 값도 정의할 수는 없다. 정의하는 순간 수학이 또 무너져버린다. 그러니 0^0을 예외로 빼는 게 더 낫다.

$2^{-3}=?$
음수 지수의 연산

지수가 음수인 경우를 추론해보자. 지수법칙 $a^m \div a^n = a^{m-n}$을 활용한다.

2^{-3}	① −3을 2−5로 바꾼다.
$=2^{2-5}$	② 지수법칙을 적용한다.
$=2^2 \div 2^5$	③ 지수를 곱셈으로 바꾼다.
$=\frac{2\times2}{2\times2\times2\times2\times2}$	④ 약분하며 나눗셈을 한다.
$=\frac{1}{2\times2\times2}$	⑤ 곱셈을 지수로 바꾼다.
$=\frac{1}{2^3}$	

2^{-3}의 값은 $\frac{1}{2^3}$과 같았다. $a^{-n}=\frac{1}{a^n}$이다. 지수가 음수이니 그 값도 음수가 나올 것 같지만 그렇지 않다. 0에 가까운 수가 될 뿐 음수가 되지는 않는다.

$2^{\frac{1}{3}}=?$, $2^{\frac{2}{3}}=?$, $2^{-\frac{2}{3}}=?$
분수 지수의 연산

지수에는 분수도 사용될 수 있다. 분수 지수인 경우의 값은 어떻게 될까? $(a^m)^n=a^{mn}$이라는 지수법칙을 활용하면 추론할 수 있다. $2^{\frac{1}{3}}=x$라 놓고 따져보자.

$2^{\frac{1}{3}}=x$	① 양변을 세제곱한다.
$(2^{\frac{1}{3}})^3=x^3$	② 지수법칙을 적용한다.
$2^{\frac{1}{3}\times3}=x^3$	③ 지수를 계산한다.
$2=x^3$	④ 세제곱근을 구한다.
$\sqrt[3]{2}=x$	⑤ x는 0보다 커야 한다.

$2^{\frac{1}{3}}=\sqrt[3]{2}$이다. $a^{\frac{1}{m}}=\sqrt[m]{a}$이어야 한다. 그래야 $2^2=4$, $2^3=8$이 된다. $2^{\frac{1}{3}}=\sqrt[3]{2}$이라면 $2^{\frac{2}{3}}$의 값은 쉽게 구할 수 있다. 제곱하면 된다.

$2^{\frac{1}{3}}=\sqrt[3]{2}$	① 양변을 제곱한다.
$(2^{\frac{1}{3}})^2=(\sqrt[3]{2})^2$	② 지수법칙을 적용한다.
$2^{\frac{2}{3}}=\sqrt[3]{2}\times\sqrt[3]{2}$	③ 우변을 정리한다.

$$2^{\frac{2}{3}} = \sqrt[3]{2^2}$$

$2^{\frac{2}{3}} = \sqrt[3]{2^2}$이다. $a^{\frac{n}{m}} = \sqrt[m]{a^n}$이어야 한다. 그래야 $2^2 = 4$, $2^3 = 8$ 같은 지수의 기본 규칙이 여전히 성립한다. 이 규칙에, $a^{-n} = \frac{1}{a^n}$이라는 규칙을 결합하면 $2^{-\frac{2}{3}}$같은 음의 분수 지수 값도 구할 수 있다.

$$2^{-\frac{2}{3}} = \frac{1}{2^{\frac{2}{3}}} = \frac{1}{\sqrt[3]{2^2}}$$

$2^{-\frac{2}{3}} = \frac{1}{\sqrt[3]{2^2}}$이다. $a^{-\frac{n}{m}} = \frac{1}{\sqrt[m]{a^n}}$이다.

토머스 에디슨에게 건초더미에서 찾아야 할 바늘이 있다면,

그는 바늘이 있을 곳을 추리하기를 멈추지 않을 것이다.

벌처럼 열렬하고 근면하게 바늘을 찾을 때까지

즉시 짚을 하나하나 살펴봤을 것이다. (……)

약간의 이론과 계산으로 수고의 90%를 절약할 수 있다.

If he [Thomas Edison] had a needle to find in a haystack,

he would not stop to reason where it was most likely to be,

but would proceed at once with the feverish diligence of a bee,

to examine straw after straw until he found the object of his search. ……

Just a little theory and calculation would have saved him ninety percent

of his labor.

—

발명가 니콜라 테슬라(Nikola Tesla, 1856~1943)

지수의 역연산인 로그의 연산

$$y=a^x \longleftrightarrow x=\log_a y$$

x가 양수이건 음수이건 a^x의 값은 0보다 컸다. $2^{-3}=\frac{1}{2^3}=\frac{1}{8}$에서 보듯이 x가 음수이더라도 a^x의 값은 양수였다. 단, $a>0$이고, $a\neq1$이다. $y=a^x$의 그래프는 다음과 같다.

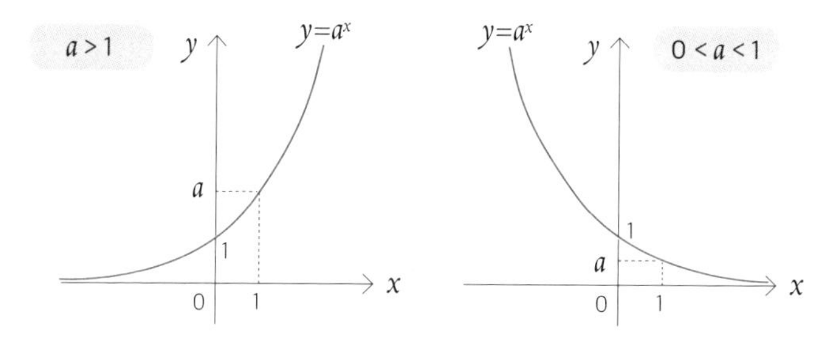

로그는 지수의 역연산이다. 지수의 x가 로그의 y가 되고, 지수를 계산한 결과인 y 값이 로그의 x가 된다. 고로 로그에서 x는 0보다 크다. 지수에서 y가 0보다 크기 때문이다. 로그에서 a는 0보다 크다. 지수에서 a가 0보다 크기 때문이다. (a=1이면 모든 y가 같아지기에 제외한다.)

$y=\log_a x$ $(a>0, a\neq 1)$

로그의 덧셈과 뺄셈에는 특별한 성질이 있다. 지수의 역연산이라는 성질 때문이다.

$M=a^p(p=\log_a M)$, $N=a^q$ $(q=\log_a N)$에서 MN을 해보자.

$MN=a^p\times a^q$ → 지수법칙을 적용한다.

$=a^{p+q}$ → 양변에 밑이 a인 로그를 취한다.

$\log_a MN=\log_a a^{p+q}$ → $\log_a M^k=k\log_a M$ 을 적용한다.

$=p+q$ → p, q의 값을 적는다.

$=\log_a M+\log_a N$

$\log_a M+\log_a N=\log_a MN$이다. 이 성질을 이용하면 MN 같은 곱셈을 덧셈의 형태로 치환할 수 있다. 곱셈 연산이 덧셈 연산으로 바뀌어 수월해진다. 로그를 고안한 주요 목적이다. 큰 수의 곱셈을 수월하게 하기 위한 수단으로 만들어졌다. 비슷한 방식으로 $\frac{M}{N}$을 살펴보면 다음을 얻을 수 있다. 어려운 나눗셈이 쉬운 뺄셈으로 바뀐다.

$$\log_a \frac{M}{N}=\log_a M-\log_a N$$

0!=?
0 팩토리얼

n!은 1부터 n까지의 자연수를 모두 곱한다. 보통 자연수를 대상으로 한다. $5!=5\times4\times3\times2\times1$이므로 $5!=120$이다. 0!을 어떻게 정의해주면 될까?

0!이 등장할 수 있는 식이 필요하다. 자연수만을 대상으로 한 팩토리얼에서 0!이 나오려면 뺄셈이 포함되어 있어야 한다. a^0을 정의하기 위해 a^{3-3} 같은 식을 활용했던 것과 같다. 팩토리얼에는 $(n-1)!$에 관한 식이 하나 있다.

$$99!=\frac{100!}{100}$$
$$4!=\frac{5!}{5}$$
$$3!=\frac{4!}{4} \rightarrow (n-1)!=\frac{n!}{n}$$
$$\vdots$$

자연수 n에 대해서는 위 식이 성립한다. 만약 이 식으로부터 0!을 얻어낸다면 그 값을 0!의 값으로 정의할 수 있다.

$$(n-1)!=\frac{n!}{n} \quad \rightarrow \quad n=1\text{을 대입}$$

$$0!=\frac{1!}{1}$$

$$=1$$

좌변에는 0!이 있다. 우변에는 1과 1!이 있다. 1과 1!은 모두 분명히 존재하는 값들이다. 1!이 1이므로 $\frac{1!}{1}=1$이다.

0!=1이라고 정의할 수 있다. 그러면 자연수 n에 대해서 성립했던 팩토리얼의 연산 규칙이 여전히 성립한다.

수학은 매우 창의적인 분야라고 생각한다.

몇 가지의 잘 정의된 연산이 있는데, 그 연산 안에서 작업을 해야 한다.

어떤 면에서 당신은 수학의 규칙에 구속되어 있다.

그러나 그 제한된 환경하에서 그 기호들로 무엇을 할 것인지는

전적으로 당신에게 달려 있다.

I think math is a hugely creative field,

because there are some very well-defined

operations that you have to work within.

You are, in a sense, straightjacketed by the rules of the mathematics.

But within that constrained environment,

it's up to you what you do with the symbols.

—

물리학자 브라이언 그린(Brian Greene, 1963~)

12

수를 대신하는, 문자의 연산

수학에서 문자는 수를 대신한다. 미지수나 변수를 표현한다. 수는 수이지만 구체적인 크기를 가진 1, 2, 3 같은 수와는 다르다. 다른 수이니 만큼 연산도 다르지 않을까? 물론 다르다. 어떻게 다른지 살펴보자.

무리수도 문자다

x, y, z나 a, b, c는 수학에서 가장 많이 사용되는 문자다. 수를 대신하는 문자라 하여 대수(代數, algebra)라고 한다.

실은 문자인데 일반적인 수로 착각하기 쉬운 게 있다. $\sqrt{2}$나 π 같은 무리수다. 무리수는 유리수와 함께 실수를 구성하는 한 부분이다. 유리수나 실수 같은 수들과 함께 있다 보니 문자가 아니라 일반적인 수로 여겨지는 경향이 있다.

$\sqrt{2}$는 제곱해서 2가 되는 어떤 양수를 말한다. 어떤 수인지 우리는 정확히 알지 못한다. 제곱하면 2가 된다는 점만 안다. 사람들은 그런 수를 찾으려고 애썼으나 실패했다. 그래서 그 수가 가진 특징을 루트 기호($\sqrt{\ }$)로 표현했다.

$\sqrt{2}$는 3, 4 같은 수와는 성격이 다르다. 정확하게 알 수 없는 어떤 수를 표현하는 기호다. 미지수를 나타내는 문자인 x, y, z와 같다. 미지수이되 그 미지수의 특징을 구체적으로 표현한다. π 같은 무리수 역시 어떤 값을 표현하는 문자다. 무리수를 보면 문자로 취급하자.

문자의 곱셈과 나눗셈

$a \times b \times c = abc$ $\quad\quad$ $y \times y = y^2$

$$a \times b \div c = a \times b \times \frac{1}{c} = \frac{ab}{c}$$

$3 \times \sqrt{2} = 3\sqrt{2}$ $\quad\quad$ $\sqrt{2} \times \sqrt{3} = \sqrt{2}\sqrt{3}$

$$\sqrt{2} \div \sqrt{3} = \sqrt{2} \times \frac{1}{\sqrt{3}} = \frac{\sqrt{2}}{\sqrt{3}}$$

문자 간의 곱셈은 곱셈 기호를 생략하는 것으로 끝이다. 형식적으로는 하나의 식이 되었다. 하지만 실질적으로 변한 것은 없다. 곱셈 기호만 없앴다. 어떤 수인지 알지 못하기에, 구체적인 수처럼 곱셈을 할 수 없다.

$3 \times \sqrt{2}$를 $3\sqrt{2}$라고 한 걸 보면 $\sqrt{2}$가 문자라는 걸 확실히 알 수 있다. 숫자의 곱셈에서는 곱셈 기호를 생략하면 안 된다. 2×3이 23이 되어버리기 때문이다. 숫자끼리의 곱셈이라면 작은 점이라도 찍어줘야 한다. $2 \times 3 = 2 \cdot 3$이다. 그런데 $\sqrt{2}$는 문자이기에 곱셈

기호를 생략해도 된다. $3\times\sqrt{2}=3\sqrt{2}$이다.

문자의 나눗셈은 역수의 곱셈으로 바꿔 진행한다. 곱셈으로 바꾼 후 곱셈 기호를 생략하여 표현해준다.

$$a\times b\div c=a\times b\times\frac{1}{c}=\frac{ab}{c}$$

산술이 없는 삶은 공포의 한 장면이 아니고 무엇이겠는가?

What would life be without arithmetic, but a scene of horrors?

—

성공회 신부 시드니 스미스(Sydney Smith, 1771~1845)

문자의 덧셈과 뺄셈

$$a+b \qquad xy^2-xy \qquad \sqrt{3}-\sqrt{2}$$

$$a+a=2a \qquad 5xy-2xy=3xy \qquad 2\sqrt{3}+3\sqrt{3}=5\sqrt{3}$$

덧셈과 뺄셈이 가능하려면 두 수의 단위가 같아야 한다. 문자의 단위는 알 수 없다. 그 문자가 통째로 단위가 된다. 고로 문자가 다르면 단위 또한 다른 셈이다. 단위가 다르니 덧셈과 뺄셈을 더 진행할 수 없다. 그대로 둬야 한다. $a+b$는 $a+b$이고, $\sqrt{3}-\sqrt{2}$은 $\sqrt{3}-\sqrt{2}$ 그대로다.

문자가 같으면 단위가 같다. 문자 간의 덧셈과 뺄셈을 할 수 있다. $a+a=2a$이고, $2\sqrt{3}+3\sqrt{3}=5\sqrt{3}$이다. 문자가 같은 것끼리 문자 앞의 수인 계수만 연산하면 된다.

주의할 게 있다. 문자가 같다는 것이 문자 하나로만 구성되어야 한다는 뜻은 아니다. $5xy$나 xy^2처럼 문자 여러 개로 구성되어도 상관없다. 문자의 종류와 차수가 같으면 같은 문자로 보고 연산해준다. 그런 항을 동류항이라고 한다. 동류항은 문자의 종류와 차수 모두 같아야 한다. 문자 앞의 계수는 상관없다.

동류항끼리는 더하고 빼줄 수 있다. 단위가 같은 걸로 볼 수 있기 때문이다. $5xy-2xy$는 $5\square-2\square$와 같다. 결과는 $3\square$, 즉 $3xy$이다. 그처럼 $2\sqrt{3}+3\sqrt{3}=5\sqrt{3}$이 된다. xy^2-xy에서 xy^2와 xy는 문자가 같지만 차수가 다르다. 동류항이 아니므로 더 이상 연산할 수 없다.

단위를 도저히 맞춰줄 수 없다면 더 이상의 연산을 진행할 수 없다. 서로 다른 무리수 또는 무리수와 유리수 사이에는 공통의 단위가 없다. 덧셈과 뺄셈을 할 수가 없다. $3+\sqrt{2}$는 $3+\sqrt{2}$요, $\sqrt{2}-\sqrt{3}$는 $\sqrt{2}-\sqrt{3}$일 뿐이다. 같은 무리수 간의 덧셈과 뺄셈만 가능하다. $3\sqrt{2}-\sqrt{2}=2\sqrt{2}$이다.

제곱근의 곱셈은 연산이 가능하다

$$\sqrt{2}\times\sqrt{3}=\sqrt{6} \quad \rightarrow \quad \sqrt{a}\times\sqrt{b}=\sqrt{a\times b}$$

$$\sqrt{2}\div\sqrt{3}=\frac{\sqrt{2}}{\sqrt{3}}=\sqrt{\frac{2}{3}} \quad \rightarrow \quad \sqrt{a}\times\sqrt{b}\ \frac{\sqrt{a}}{\sqrt{b}}\ \sqrt{\frac{a}{b}} \quad (a>0,\ b>0)$$

$\sqrt{2}\times\sqrt{3}=\sqrt{2}\sqrt{3}$이다. 서로 다른 문자의 연산이므로 연산은 여기서 끝이다. 그런데 제곱근의 경우 연산을 더 진행할 수 있다. 문자이기는 하지만 수에 대한 정보를 더 많이 포함하고 있기 때문이다. $\sqrt{2}\sqrt{3}$을 하나의 수로 줄일 수 있다.

$\sqrt{2}\times\sqrt{3}$의 값을 □라고 가정해보자. $\sqrt{2}\times\sqrt{3}=\square$이다. □가 뭔지를 알아낼 방법이 있다. 식을 조금만 변형하면 된다.

$\sqrt{2}\times\sqrt{3}=\square$	① 양변을 제곱한다.
$(\sqrt{2}\times\sqrt{3})^2=\square^2$	② 제곱을 곱셈으로 바꾼다.
$\sqrt{2}\times\sqrt{3}\times\sqrt{2}\times\sqrt{3}=\square^2$	③ 곱셈의 교환법칙을 이용해 순서를 바꾼다.
$\sqrt{2}\times\sqrt{2}\times\sqrt{3}\times\sqrt{3}=\square^2$	④ 곱셈을 한다.
$(\sqrt{2})^2\times(\sqrt{3})^2=\square^2$	⑤ 제곱근 기호를 풀어준다.

$2 \times 3 = \square^2$ ⑥ 곱셈을 계산한다.

$6 = \square^2$ ⑦ □의 제곱근을 구한다.

$\pm\sqrt{6} = \square$ ⑧ □는 양수이므로 음의 제곱근을 버린다.

$\sqrt{6} = \square$

$\sqrt{2} \times \sqrt{3} = \sqrt{6}$이다. 즉 $\sqrt{2} \times \sqrt{3} = \sqrt{2 \times 3}$이다. 문자로 표현하면 $\sqrt{a} \times \sqrt{b} = \sqrt{a \times b}$이다. 나눗셈은 역수의 곱셈이라는 걸 적용하면, $\sqrt{a} \div \sqrt{b} = \frac{\sqrt{a}}{\sqrt{b}} = \sqrt{\frac{a}{b}}$이다. 단, $a > 0$이고 $b > 0$이다.

모든 물리적 시스템은

정보를 등록하고 처리하는 것으로 생각할 수 있다.

계산을 어떻게 정의하느냐에 따라

어떤 계산으로 구성할 것인가에 대한 관점도 결정된다.

All physical systems

can be thought of as registering and processing information,

and how one wishes to define computation

will determine your view of what computation consists of.

—

교수 세스 로이드(Seth Lloyd, 1960~)

13

새로운 수학을 만나면, 연산을 물어라

연산은 단순한 작업이지만, 연산을 못하면 답을 구할 수 없다. 사소하지만 결정적이다. 연산은 정해져 있지 않다. 문제에 따라 대상에 따라 새로운 연산이 탄생하곤 한다. 수학과 연산은 동전의 앞면과 뒷면 같다.

연산을 잘못하면 큰일 난다

대한민국 정부의 기획재정부에서는 매년 공공기관의 경영실적을 평가해 발표한다. 점수에 따라 등급을 매기고, 그 결과를 근거로 성과급뿐만 아니라 기관장의 해임까지 결정되곤 한다. 그런데 2020년도에 대한 평가가 잘못된 대형사고가 발생했다. 사후 검증을 하는 과정에서 오류가 발견되었다. 단순 계산 착오였다. 각 항목마다 가중치를 부여해 총점을 내는 과정에서 계산이 잘못되었다. 제도가 도입된 이래 처음 있는 일이었다.•

1999년에는 나사에서 발사한 우주선이 우주의 미아가 되어버린 사건이 발생했다. 화성 탐사를 위해 보낸 우주선이었다. 순조로워 보였던 비행은 화성에 진입하면서 문제가 터졌다. 통신이 두절된 뒤 우주선은 사라져버렸다. 원인은 계산 착오였다. 힘의 단위를 잘못 기재해 계산에서 오류가 발생했다. 총 6,600억 원이 들어간 프로젝트가 계산 오류로 사라졌다.

계산이나 연산의 규칙은 단순하고 명쾌하다. 연산을 잘못하면

• 출처: https://www.joongang.co.kr/article/24089546#home

화성탐사차 퍼서비어런스(Perseverance)

2020년 7월에 발사되어 2021년 2월 화성에 도착했다.
화성의 환경과 생명체 거주 여부 등을 탐구하는 것이 목표다.
1999년 화성 탐사선은 단위로 인한 연산 착오로 실패했다.
2007년 나사는 단위를 미터법으로 통일했고,
연산 착오의 가능성을 없앴다.

큰일 난다. 정답이 오답으로 오답이 정답으로 바뀐다. 문제가 풀리기도 하고 풀리지 않기도 한다. 사소하지만 결코 사소하지 않다.

연산을 잘못해 의외의 성과를 얻었던 사건도 있다. 인도로 가는 뱃길을 개척하려 했던 콜럼버스의 항해가 대표적이다. 그는 항해에 필요한 거리를 잘못 계산했다. 지구 둘레를 실제보다 $\frac{3}{4}$ 정도 작게 잡았고, 계산에 사용된 단위를 착각해 엉터리 계산 결과를 내놓았다. 유럽에서 일본까지의 거리를 1만 5,000km나 줄여버렸다. 거리가 짧다고 생각해 모험에 나섰다. 다행히 중간에 아메리카 대륙이 있어서 살아 돌아올 수 있었다. 하여간 계산을 잘못하면 큰일 난다.

대상마다 가능한 연산이 다르다

집합에는 합집합, 교집합, 차집합이 있다. (곱집합도 있으나 중고등학교 과정에서 다루지는 않는다.) 합집합은 덧셈, 차집합은 뺄셈에 해당한다. 교집합은 사칙연산에서 볼 수 없는 연산이다. 집합에서 가능한 연산으로서 새롭게 고안된 연산이다. 하지만 나눗셈 같은 연산은 집합에 존재하지 않는다. 정의하기 어려워서 그렇다.

경우의 수나 확률에서는, 합과 곱에 해당하는 연산이 있다. 경우의 수에서는 합의 법칙과 곱의 법칙이 존재한다. 확률에서도 덧셈정리와 곱셈정리가 있다. 하지만 경우의 수끼리 나눈다거나, 확률끼리 나누는 연산을 하지는 않는다. 대상이 달라지면 가능한 연산의 종류도 달라진다.

새로운 수학을 만나면, 연산을 확인하라

새로운 수학이 등장하면 늘 따라다니는 것이 연산이다. 수라고 한다면 연산 가능해야 하듯이, 새로운 수학 역시 연산 가능해야 한다. 그래야 수학다운 수학으로 자리 잡는다.

새로운 수학을 접하면, 그 수학과 관련된 연산을 떠올리자. 이 대상에는 어떤 연산이 가능한지 묻고 확인해야 한다. 대상의 특성을 이해하면, 어떤 연산이 가능할지를 가늠할 수 있다. 가능한 연산을 확인해둬야, 문제를 어떻게 해결해갈 것인지 알게 된다.

연산을 확인하면서 식의 배치를 어떻게 바꿀 수 있는지도 같이 확인하자. 교환법칙, 결합법칙, 분배법칙이 가능한지 먼저 점검해두자. 가능한 것과 가능하지 않은 것을 미리 확인해두자. 그래야 동에 번쩍 서에 번쩍 하면서 연산의 고수다운 능력을 제대로 보여줄 수 있다.

영문학에서는 철자법을 조금 잘못해도 아무도 죽지 않는다.

하지만 수학 계산의 중간에 0을 더 입력해버리면,

모든 것이 산골짜기에 부딪치고 만다.

With English literature, if you do a bit of shonky spelling, no one dies,

but if you're half-way through a maths calculation

and you stick in an extra zero, everything just crashes into the ravine.

—

소설가 마크 헤이든(Mark Haddon, 1962~)

4부

연산, 어디에 써먹을까?

14

현실의
골칫거리 문제를
해결하다

연산은 사소하지만 그 유용함은 막대하다. 연산을 통해 주변의 크기나 양을 가늠하고 비교할 수 있다. 어디쯤 왔고, 얼마만큼이나 더 해야 하는가를 한눈에 파악한다. 연산은 우리에게 판단과 선택의 근거를 제공한다. 현실적인 문제만이 아니라 앞날의 문제까지 해결해갈 수 있는 길잡이 역할을 한다.

판단과 선택의 근거를 제공한다

어느 휴대폰을 구입할 것인가? 버스를 탈 것인가, 지하철을 탈 것인가? 어느 SNS를 이용할 것인가? 어느 학교에 진학할 것인가? 다이어트를 위해 어떤 음식을 언제 먹을 것인가? ……. 뽑아도 뽑아도 계속 나오는 화장지처럼 고민해야 할 문제는 많다.

늘 부딪치게 되는 일상적인 문제다. 선택의 기로에서 망설이는 경우가 많은데 어떤 걸 선택하는 게 좋을지 몰라서다. 그래서 남들은 어떤 선택을 하는지 둘러보곤 한다. 그때 연산이 판단과 선택의 근거를 제공한다. 현실적인 문제의 해결책을 제시해준다.

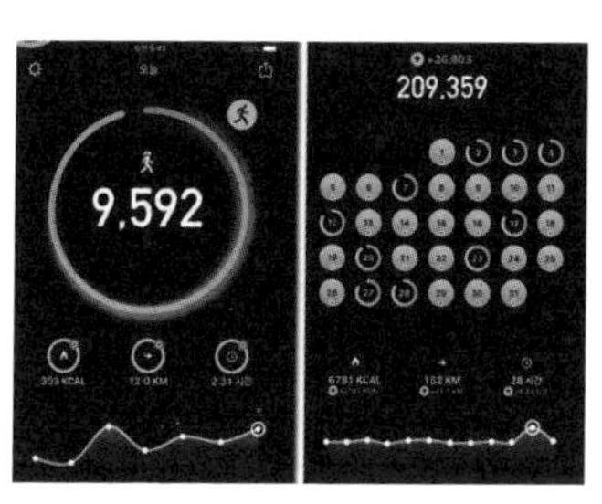

만보기 앱 오늘 몇 보나 걸었는가를 계산해서 알려준다. 그걸 보고서 기준에 미달하면 방구석이라도 걷곤 한다. 1960년대 일본에서 한 업체의 마케팅으로 시작되었다. 실제로는 하루에 7,000~8,000보 정도면 충분하다고 한다.

내비게이션, 최적의 경로 제공 목적지 및 몇 가지 조건을 입력하면 최적의 경로를 알려준다. 그 경로는 연산의 결과물이다.

필요한 정보를 생산해준다

우리에게 필요한 정보는 많다. 수치를 더하고 빼는 것만으로는 부족하다. 필요에 딱 맞는 정보를 위해서는 적절한 연산을 해야 한다. 그 연산의 결과가 우리에게 필요한 정보다. 필요한 정보를 제공하기 위해 연산은 오늘도 부지런히 달린다.

광화문 4차 촛불집회 시간대별 참여인원

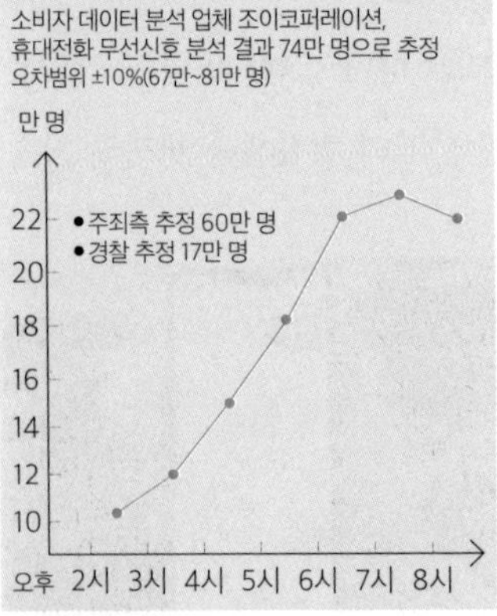

소비자 데이터 분석 업체 조이코퍼레이션,
휴대전화 무선신호 분석 결과 74만 명으로 추정
오차범위 ±10%(67만~81만 명)

만 명
22
20
18
16
14
12
10
오후 2시 3시 4시 5시 6시 7시 8시
• 주최측 추정 60만 명
• 경찰 추정 17만 명

집회 인원 추산 집회 인원 집계는 한 명씩 다 세지 않는다. 부분의 인원을 세어, 전체 인원을 계산한다. 즉 비례의 연산을 활용한다.

리히터 규모별 지진의 영향	
0~1.9	지진계로만 탐지할 수 있으며, 대부분의 사람이 진동을 느끼지 못함
2~2.9	대부분의 사람이 느끼며, 창문이나 전등과 같은 매달린 물체가 흔들림
3~3.9	내형 트럭이 지나갈 때의 진동과 비슷, 일부 사람은 놀라 건물 밖으로 나옴
4~4.9	집이 크게 흔들리고 창문이 파손됨. 작고 불안정한 위치의 물체들이 떨어짐
5~5.9	서 있기가 곤란해지고 가구들이 움직이며 내벽의 내장재가 떨어짐
6~6.9	제대로 지어진 구조물에도 피해가 발생하며, 빈약한 건조물은 큰 피해를 입음
7~7.9	지표면에 균열이 발생하며 건물 기초가 파괴됨. 돌담, 축대 등이 파손됨
8~8.9	교량 같은 대형 구조물도 대부분 파괴됨. 산사태가 발생할 수 있음
9~9.9	건물들의 전면적 파괴, 철로가 휘고 지면에 단층 현상이 발생함

지진의 세기를 표현하는 리히터 규모 지진이 얼마나 센지를 수로 알려준다. 지진파의 진폭을 기준으로 계산한다. 로그 연산이 적용된다.

미래를 예측한다

사람은 오늘에 발 딛고 살지만, 손은 내일을 잡으려 하며 살아간다. 늘 내일이 궁금하다. 100% 정확한 게 아니라는 걸 알면서도, 미래를 알려주겠다고 하면 일단 들어나본다. 솔깃해진다. 이런 사람들이 가만히 있을 리 없다. 미래마저도 계산해내고자 한다.

미래를 그나마 예측해볼 수 있는 근거는 현재까지의 데이터이다. 오늘의 데이터를 잘 연산하면, 내일의 그림자를 흐릿하게나마 엿볼 수 있다. 연산을 토대로 한 방법이 고대로부터 지금까지 꾸준히 개발되고 있다.

여론조사 현재의 추세를 확인해, 미래를 추측해본다. 통계를 다루는 각종 연산의 결과물이다.
(출처: kbs news, https://www.youtube.com/watch?v=i2XSS0KeBLA)

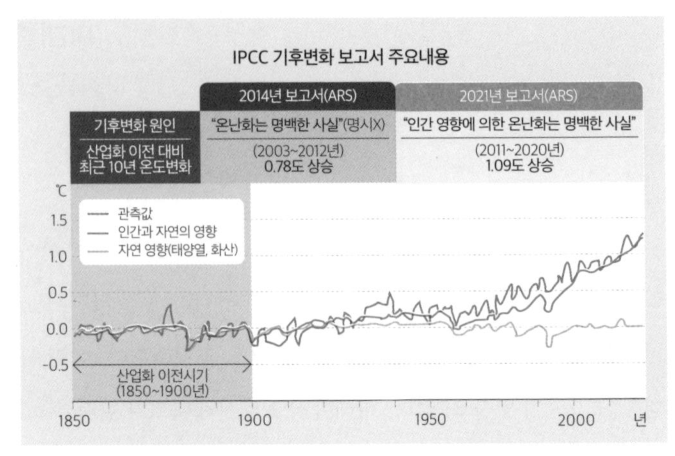

지구의 온도 변화 그래프 온도가 급격하게 상승하고 있다. 사람에 의한 영향이 크다. 전체적 경향과 인과관계를 파악하기 위해 연산이 활용되었다.

직관을 강조하는 이미지 직관이란 사물을 직선처럼 꿰뚫어보는 것이다. 직관은 전문적인 경향을 바탕으로 한다. 축적된 경험을 데이터로 활용한다. 직관도 연산이다.

퀀트 투자에 관한 책 퀀트는 금융시장의 변화를 예측하는 분석가다. 느낌과 감정 대신에 수치 데이터를 활용한다. 데이터를 연산해 정보를 산출한다.

너무 체계적이고 너무 겁이 많으면 승리하지 못할 것이다.

그러나 영리하다는 건,

언제 어디에서 정상을 넘을지에 대해 정확하게 계산하는 것이다.

밀어붙일 때와 되돌아올 때를 알아야 한다.

If you're too methodical, too fearful, you're not going to win.

But the clever thing is to make the calculation correctly

about where and when to go over the top.

You've got to know when to push it and when to come back.

—

카레이서 콜린 맥레이(Colin McRae, 1968~2007)

15

수학의 난제를 풀어내다

수학에는 해결되지 않은 난제가 많다. 난제를 해결하기 위해서 가장 필요한 것은 아이디어이다. 길을 잃은 문제에서 답을 찾게 해주는 게 아이디어이다. 그런데 때로는 연산 자체가 아이디어가 된다. 마땅한 아이디어가 없을 때는 연산으로 뚫고 갈 수 있다.

정밀한 원주율의 값을 계산하다

원주율은 원의 지름에 대한 원의 둘레의 비율이다.

$$\text{원주율} = \frac{\text{원의 둘레}}{\text{원의 지름}}$$

원의 둘레가 원의 지름의 몇 배가 되는지를 말한다. 대략 3.14인데, 원의 둘레가 원의 지름의 3.14배 정도 된다. 이 값을 처음 제시한 이는 고대 그리스의 수학자 아르키메데스다. 기막힌 아이디어와 기막힌 연산 능력의 합작품이다.

원 안에 내접하는 정육각형이 있고, 원 밖에 외접하는 정육각형이 있다. 원의 둘레는 내접하는 정육각형의 둘레보다는 크고, 외접하는 정육각형의 둘레보다는 작다.

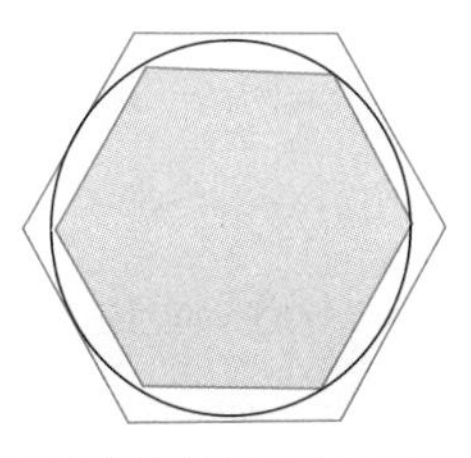

원과 내접/외접하는 정육각형

내접하는 정육각형의 둘레 < 원의 둘레 < 외접하는 정육각형의 둘레

이 부등식을 원의 지름으로 모두 나누자. 그러면 원주율이 튀어나온다. 원주율의 값이 범위로 제시된다.

$$\frac{\text{내접하는 정육각형의 둘레}}{\text{원의 지름}} < \frac{\text{원의 둘레}}{\text{원의 지름}} < \frac{\text{외접하는 정육각형의 둘레}}{\text{원의 지름}}$$

$$\frac{\text{내접하는 정육각형의 둘레}}{\text{원의 지름}} < \text{원주율} < \frac{\text{외접하는 정육각형의 둘레}}{\text{원의 지름}}$$

아르키메데스는 부등식으로 원주율의 값을 추적했다. 원의 지름을 알고 있으니, 내접하는 정육각형과 외접하는 정육각형의 둘레 길이만 알면 가능했다. 내접하는 정육각형과 외접하는 정육각형의 한 변의 길이만 알면 그 둘레를 계산할 수 있다. 정육각형이므로 한 변의 길이에 6을 곱하면 정육각형의 둘레의 길이가 된다.

문제는 정육각형의 한 변의 길이였다. 아르키메데스는 그 길이를 연산으로 구해냈다. 삼각비와 피타고라스의 정리를 응용했다. 연산하다 보면 무리수가 등장한다. 그는 그 무리수에 가장 가까운 유리수를 찾아내 그 유리수로 대체하며 연산을 이어갔다. 그렇게 해서 원주율의 범위를 추적했다. 정육각형을 대상으로 해

서 그가 얻은 원주율의 범위는 다음과 같다.

$$3 < \text{원주율} < 3.4641\cdots$$

이 값 자체는 오차가 크다. 3.14라는 값을 찾을 수 없다. 오차가 큰 이유는 정육각형이었기 때문이다. 만약 변의 개수를 더 늘려간다면 이 오차는 줄어든다. 아르키메데스는 정육각형으로부터 시작해 변의 개수를 두 배씩 늘려가며 원주율의 범위를 좁혀갔다. 지루한 연산이 반복되었다. 그는 정96각형까지 나아갔다. 그때 원주율의 범위는 다음과 같았다.

$$\frac{223}{71} < \text{원주율} < \frac{22}{7}$$
$$3.140845\cdots < \text{원주율} < 3.142857\cdots$$

3.14라는 근삿값이 등장했다. 엄청난 연산 능력 덕분이었다. 기하의 지식을 바탕으로 해서 연산을 수없이 반복해야 했다. 연산으로 원주율의 정밀도를 높였다.

계산의 장점은 많고 아주 중요하다.

당신은 계산에 많은 관심을 기울여왔는가?

By all means, have you give great attention to your arithmetic,

as its advantages are so many and important.

—

간호사 도러시아 딕스(Dorothea Dix, 1802~1887)

정밀한 근삿값을 찾아준다

수학에서는 정답을 찾지 못하는 경우가 종종 있다. $\sqrt{3}$ 같은 무리수의 정확한 값을 알지 못한다. 5차 이상의 고차방정식에는 근의 공식이 없기에 정확한 해를 구할 수 없다. 이런 경우에는 어떻게 해야 할까? 차선책이라도 찾는 게 좋다. 정답에 가까운 근삿값을 찾는 것이다. 이런 경우 연산이 탈출구를 제공해준다.

제곱해서 2가 되는 수인 $\sqrt{2}$의 값을 정확히 알지 못한다. 하지만 연산을 활용하면 충분히 정밀한 근삿값 x를 얻을 수 있다. $1^2=1$이고 $2^2=4$이기에 x는 1과 2 사이에 있다. 가운데 수인 1.5의 제곱은 2.25이다. 2보다 크기에 x는 1과 1.5 사이에 있다. 가운데 수인 1.25의 제곱은 1.5625이다. 2보다 작기에 x는 1.25와 1.5 사이에 있다. 가운데 수인 1.375의 제곱은 약 1.8906이다. 2보다 작기에 x는 1.375와 1.5 사이에 있다. 가운데 수인 1.4375의 제곱은 약 2.0664이다. 2에 상당히 근접했다. 이 과정을 되풀이해간다. 그럴수록 근삿값은 더 정밀해진다.

$1.5^2=2.25$

$\rightarrow\ 1.25^2=1.5625$

$\rightarrow\ 1.375^2\fallingdotseq1.8906$

$\rightarrow\ 1.4375^2\fallingdotseq2.0664$

$\rightarrow\ \cdots$

위 방법은 무리수의 근삿값을 찾아가는 방법 중 하나다. 구간의 절반인 수를 제곱해보면서 정밀한 근삿값을 찾아간다. 절반씩 나눠 찾아가는 이분법이다. 무턱대고 찾아가는 것보다는 훨씬 효과적이다.

근삿값을 찾는 데는 연산이 큰 역할을 한다. 지루하게 반복되는 연산을 거치고 나면 꽤 정밀한 근삿값을 찾아낼 수 있다. 수학에는 연산을 활용해서 근삿값을 구하는 방법이 많다. 개평법이라든가, 뉴턴의 방법이라든가, 가우스의 최소제곱법이 대표적인 방법이다.

난제를 연산으로 해결하다

$1^3+1^3-1^3=1$ $1^3+1^3+0^3=2$

$1^3+1^3+1^3=4^3+4^3-5^3=3$ $2^3-1^3-1^3=6$

$2^3-1^3-0^3=7$

⋮

정수의 세제곱수를 세 개 더하거나 빼는 연산이다. 어떤 세제곱수를 조합하느냐에 따라 결과는 달라진다. 3을 만들어낼 수 있는 조합은 두 개가 제시되어 있다. 이 조합 외에 다른 조합이 존재할까?

1950년대 영국의 수학자 루이스 모델(Louis Joel Mordell)이 제기한 문제다. 그는 처음에 3을 만들어낼 수 있는 다른 조합이 있을까를 물었다. 그는 모르겠다고 답했다. 1955년에는 1부터 100까지의 수를 모두 만들어낼 수 있느냐의 문제로 바뀌었다.

성과가 이어졌다. 13이나 14처럼 9로 나눴을 때 나머지가 4 또는 5가 되는 수에는 답이 없다는 사실이 밝혀졌다. 2016년에는 33과 42를 제외한 모든 수에 대한 답이 제시되었다. 남은 수는

33과 42 딱 두 개였다.

처음에는 수학자들이 손으로 직접 계산했다. 수가 커지면서 자연스럽게 컴퓨터를 활용해 계산했다. 특별한 아이디어나 통찰을 통한 접근이 아니었다. 그냥 이런저런 수들을 더해보면서 답이 있는지 없는지를 찾아봤다.

33과 42에 대한 결론을 짓기 위해 2019년에 슈퍼컴퓨터가 활용되었다. 대학에 있던 컴퓨터로 3주 동안 계산한 끝에 33이 되는 조합을 찾아냈다. 마지막 남은 42의 경우를 처리하기 위해서는 10배 이상의 계산이 필요했다. 2019년 9월에는 50만 대의 PC를 연결해 계산하는 프로젝트가 진행되었다. 2일 동안 계산한 후 42에 대한 답을 찾아냈다.

어떤 수를 세제곱해 더하고 빼야 42가 될까? 답은 8경 538조 7388억 1207만 5974와 8경 435조 7581억 4581만 7515, 1경 2602조 1232억 9733만 5631의 17자리 수 3개였다. 사람이 감당하기에는 불가능한 크기의 수였다.•

연산은 수학 난제를 해결하는 수단으로도 활용되었다. 그 과정에서 컴퓨터가 크게 활약했다. 4색 문제가 처음으로 컴퓨터의 도움을 받아 해결되었다. 21세기에는 케플러의 추측이 컴퓨터의 연산 능력을 발판 삼아 증명되었다.

• 출처: https://www.yna.co.kr/view/AKR20191024089300073

당신이 나처럼 수학을 전공했다면,

계산만으로는 풀 수 없는 문제들이,

심지어는 고전적인 문제들이

많다는 것을 깨달을 것이다.

If you come from mathematics,

as I do, you realize that there are many problems,

even classical problems,

which cannot be solved by computation alone.

—

수학자 로저 펜로즈(Roger Penrose, 1931~)

16

새로운 뭔가를 발견하고, 만들어내고, 추론해내고

연산의 힘은 지금 여기로만 국한되지 않는다. 지금 여기 있는 문제의 해결에만 그치지 않는다. 연산의 힘은 지금 여기를 초월한다. 새로운 뭔가를 발견하고 만들어내는 근거가 된다. 연산만으로 아직 열리지 않은 미지의 세계를 열어갈 수 있다.

$$d = 0.4 + 0.3 \times 2^n \quad (n = -\infty, 0, 1, 2, 3, 4, 5)$$

티티우스-보데의 법칙으로 알려진 식이다. 티티우스가 1776년에 발견했고, 1772년에 보데가 발표했다. d는 태양으로부터의 거리이다. 이 식은 특정한 법칙을 통해서 만들어진 게 아니다. 당대까지 밝혀져 있던 행성들의 실제 거리를 바탕으로 했다. 경험적 데이터를 근거로 삼아 역으로 추정했다.

n	$-\infty$	0	1	2	3	4	5	6	7	8
d	0.4	0.7	1	1.6	2.8	5.2	10.0	19.6	38.8	77.2
행성	수성	금성	지구	화성	?	목성	토성	?	?	?
실제 값	0.39	0.72	1.0	1.52	2.80	5.20	9.54	19.2	33.8	77.2

n=1일 때가 지구이다. 그때의 거리는 1이다. 태양으로부터 지구까지의 거리를 1AU로 보았다. 수성, 금성, 화성, 목성, 토성의 실제 거리는 식을 계산해서 나온 값과 거의 같다.

천문학자들은 n=6, 즉 d=19.6인 경우를 따져봤다. 연산 결과가 맞는다면 그곳에는 뭔가가 있어야 했다. 그런데 1781년에 천왕성이 발견되었다. 실제 값은 19.22로 예상 값에 상당히 근접했다. '행성이여 있어라!'라고 연산이 말했던 곳에, 행성이 있었다.

천왕성의 발견에 들뜬 학자들은 n=3인 경우, 즉 d=2.8인 경우를 또 살폈다. 1800년에는 팀까지 구성했다. 이 탐사의 종지부를 찍은 이는 수학자 가우스다. 가우스는 최소제곱법이라는 연산 방법을 이용해 그 행성을 찾았다. 케레스로 알려진 행성이다. 연산 결과가 미리 알려줬던 위치와 거의 같은 곳이었다.

티티우스-보데의 법칙은 연산의 결과물이다. 연산의 결과가 실제 데이터와 일치하도록 식을 구성해냈다. 그 식의 영향력은 기존의 밝혀진 행성에 대해서만 작용하지 않았다. 그 식을 미지의 영역으로 밀고 가자 새로운 별이 발견되있다.

연산은 오늘까지의 우주만 설명하지 않는다. 타당한 법칙이나 식을 적절히 연산하면 새로운 물질이나 별을 발견하게 해준다.

르베리에는 서재를 떠나지 않고 심지어는 하늘도 보지 않고

수학 계산만으로 미지의 행성(해왕성)을 발견했다.

말하자면 해왕성을 펜촉으로 만져보았다.

Le Verrier — without leaving his study,

without even looking at the sky — had found the unknown

planet(Neptune) solely by mathematical calculation,

and, as it were, touched it with the tip of his pen!

—

천문학 카미유 플라마리옹(Camille Flammarion, 1842~1925)

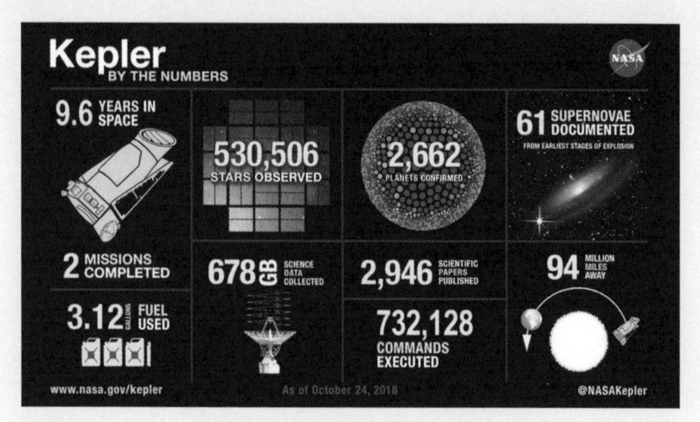

케플러 망원경과 관련된 수들(2020년 기준)

외계 행성 탐사를 목적으로 나사에서 2009년에 발사했다.

외계행성 366개를 새로 발견했다고, 2021년 11월에 발표했다.

8억 장이 넘는 이미지의 용량은 500테라바이트에 달했다.

그 데이터를 처리하기 위해 새로운 알고리즘을 개발했다.

그 연산을 통해 전에는 알지 못했던 외계행성을 새로 발견했다.

—

출처: https://exoplanets.nasa.gov/keplerscience/

새로운 물건, 새로운 방법, 새로운 예술

음악가 요한 제바스티안 바흐의 유명한 작품 중 하나는 〈평균율 클라비어곡집〉이다. 평균율을 적용해 작곡한 음악으로 널리 알려져 있다.

평균율은 음계를 만드는 방법 중 하나다. 한 옥타브를 균일하게 나눠서 음을 만들어낸다. 보통은 12개로 나누는, 12평균율을 많이 사용한다. 도에서 다음 도까지를 12개로 나눠 음계를 만든다. 피아노 건반이 그렇게 구성되어 있다.

〈평균율 클라비어곡집〉의 초기 버전(1720) 평균율은 음악의 역사를 바꿨다. 다양한 악기가 어우러진 음악을 만들어내기 쉽게 했다. 그 사건에는 연산이 깔려 있다. 평균율은 연산의 결과물이다.

서양에서 평균율을 공식적으로 제안한 이는 수학자로도 알려진 프랑스의 수도사 메르센이다. 음악가도 아닌 수학자가 왜 평균율과 관련이 되었을까? 12평균율로 할 경우 진동수의 비율을 계산해야 하는데, 그 계산이 복잡했기 때문이다.

한 옥타브 위의 음은 진동수가 2배가 된다. 12평균율은 그 사이를 12개로 나눈다. 각 음은 그 전 음보다 진동수가 일정한 비율 x만큼 높아진다. 처음 도의 진동수를 1이라고 할 경우, 다음 음의 진동수는 x가 된다. 그다음 음은 x^2, 그다음 음은 x^3, ……. 12번을 거치고 나면 진동수는 2배가 되어야 한다. 즉 $x^{12}=2$이어야 한다.

$$x^{12}=2$$

이 방정식의 x를 정확히 알아야 정확한 평균율을 만들 수 있었다. 해가 무리수인 12차 방정식이다. 오차가 작은 근삿값을 구하려면 연산 능력이 필요했다. 그래서 평균율의 역사에서 수학자가 등장했다. 메르센은 x의 근삿값으로 약 1.059를 제안했다.

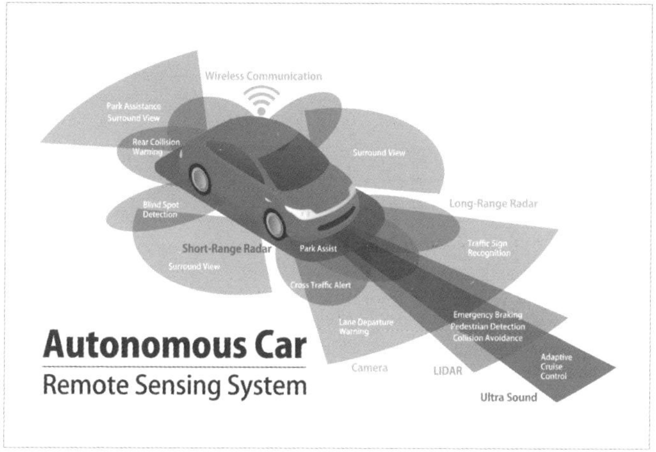

연산 능력을 갖춘 자율주행차 자율주행차는 카메라와 센서를 통해 도로와 주위 환경의 데이터를 실시간으로 입력받는다. 입력된 데이터를 실시간으로 연산 처리한다. 연산이 되지 않는다면 자율주행은 불가능하다. 연산 능력이 뛰어난 반도체가 끊임없이 개발되는 이유다.

잭슨 폴록의 추상화

액션 페인팅이나 드립 페인팅은
그려야 할 모습을 정해두지 않는다.
무심결에 물감을 뿌리고, 던지고, 흘리고, 휘젓는다.
그 동작들은 그림을 만드는 사칙연산이다.
동작들을 결합한 결과물이 그림이다.

현대 미술에서도 예술가들은 계산에 기반한 방법들을 사용해왔다.
이러한 방법들이 보다 개인적이고 감성적인 요소와 함께
예술 작품에 균형과 조화를 준다.

Even in modern art, artists have used methods based on calculation, inasmuch as these elements, alongside those of a more personal and emotional nature, give balance and harmony to any work of art.

—

건축가 막스 빌(Max Bill, 1908~1994)

논리적 추론을 연산처럼!

연산을 수학에서만 써먹으라는 법은 없다. 연산이 가능하다면, 그 어떤 대상에도 연산을 활용할 수 있다.

수학자 라이프니츠(1646~1716)는 대학 자체로 불릴 정도로 박학다식했던 17세기의 학자다. 청년 시절에 그는 '멋진 생각'이라고 칭했던 아이디어를 떠올렸다. 어떤 사실이 옳고 그른지를 판단할 수 있는 방법, 새로운 생각을 추론할 수 있는 방법을 개발

독일의 수학자 라이프니츠

하겠다는 것이었다. 프랑스를 방문했을 때 그는 그 멋진 생각을 실현할 수 있는 도구를 목격했다. 수학, 특히 대수학이었다.

문자와 식, 방정식을 다루는 대수학은 당시의 최신 수학이었다. 모르는 수라도 문자로 표현하기만 하면 문제가 풀렸다. 식을 변형하고 적절한 연산을 거치고 나면 답이 구해졌다. 기호와 연산을 활용했기 때문이다. 그 수학이 라이프니츠에게 영감을 주었다.

라이프니츠는 연산의 개념을 논리로 확장했다. 논리적 생각을 기호로 표현하고, 그 기호를 연산해서 논리를 추론하면 되겠다고 생각했다. 논리 연산의 시작이다. 비록 커다란 성과를 남기지는 못했지만, 초보적인 기호와 연산까지 선보였다.

그렇게 논리 연산이 라이프니츠로부터 시작되었다. 이후 수학자들은 라이프니츠의 꿈을 구체화시켰다. 논리를 표현하는 대수와 그 대수의 연산법을 발전시켰다. 영국의 수학자인 조지 불이 0과 1만으로 만들었던 불 대수가 대표적이다. 불 대수는 지금 컴퓨터의 언어로 사용 중이다.

나는 '우주가 실제로 디지털 컴퓨터이고

보편적인 계산을 수행할 수 있다'는 것을 증명하지는 않았다.

그러나 그런 생각은 타당한 것 같다.

I have not proved that the universe is, in fact, a digital computer and

that it's capable of performing universal computation,

but it's plausible that it is.

—

양자공학자 세스 로이드(Seth Lloyd, 1960~)

5부

인공지능 시대의 연산

17

최초의 컴퓨터,
연산 기계였다

컴퓨터가 뭐냐고 물어보면 답하기가 곤란하다. 문서 작업도 하고, 노래도 듣고, 영화도 보고, 신발도 산다. 컴퓨터로 할 수 있는 일이 너무 많다. 무엇을 하는 기계라고 딱 잘라 말하기가 곤란하다. 하지만 컴퓨터는 연산 기계이다. 처음에도 그랬고, 지금도 그렇다.

컴퓨터, 17세기에 등장했다

컴퓨터를 20세기에 만들어진 기계쯤으로 생각하기 쉽다. 그러나 컴퓨터의 역사는 생각보다 오래되었다. 그 역할도 지금과는 많이 달랐다. 그 기능과 역할은 명확하게 정해져 있었다. 컴퓨터가 어떤 기계인가를 적나라하게 보여주었다.

컴퓨터라는 말은 1613년에 처음으로 등장했다. 리처드 브라스웨이트(Richard Brathwait)의 책 『The Yong Mans Gleanings』에서였다. 이때의 의미는 기계가 아닌 사람이었다. 계산하다는 뜻의 단어 compute에 사람을 뜻하는 접미사 -er가 결합된 명사였다. 컴퓨터란, 계산하는 사람을 뜻했다. 옥스퍼드 영어사전은 computer의 첫 번째 뜻을 아래처럼 설명한다.

> computer : One who computes; a calculator, reckoner; spec. a person employed to make calculations in an observatory, in surveying, etc.

컴퓨터란, 계산하는 사람이었다. 계산하라고 고용된 사람이었다. 수학자가 해야 할 계산을 전담하며 수학자를 보조했다. 계산해야 할 일이 많아지면서 새로 생긴 전문 직종이었다. 그들을 컴퓨터라고 불렀다. 그 당시 수학자와 컴퓨터의 위상과 역할이 달랐다.

사람으로서의 컴퓨터라는 말은 20세기까지도 사용되었다. 기계-컴퓨터가 계산을 대신하기까지 컴퓨터는 사람이었다. 미국의 나사에서도 20세기 중반까지 사람-컴퓨터들을 고용했다. 영화 〈히든 피겨스〉는 컴퓨터로 고용된 흑인 여성들을 다룬다. 컴퓨터이자 흑인이었던 그들이 차별을 극복해가며 항공우주 분야에 공헌하는 과정을 그렸다.

나사의 여성 컴퓨터들 컴퓨터는 계산원이었다. 수학자나 과학자가 아니었다. 사회적 지위나 임금 수준이 좋지 않았다. 백인 여성들이 많았다. 그들의 도움으로 계산 문제를 해결해갔다.

기계-컴퓨터가 등장했다

컴퓨터라는 말은 계산한다는 뜻을 포함한다. 계산하는 사람을 대신하던 기계가 컴퓨터였다. 컴퓨터가 무엇을 하는 기계냐고 물으면, 계산하는 기계라고 답하면 정확하다. 컴퓨터가 계산기라는 건 상징이나 비유가 아니다. 지금의 컴퓨터는 계산기가 그 기능을 확장한 것뿐이다. 컴퓨터의 역사는 20세기보다 훨씬 전으로 거슬러 올라간다.

최초의 기계식 계산기는 17세기에 출현했다. 그 전에도 계산을 위한 도구가 없던 것은 아니다. 하지만 사람이 하나하나 개입해야 했다. 독일의 학자 빌헬름 시카르트는 1623년에 6자리 수의 덧셈과 뺄셈을 수행할 수 있는 기계식 계산기를 발명했다. 이 계산기는 천문학자인 요하네스 케플러에게 전해졌다. 천문학 관련 계산에 도움을 준 것으로 추정된다.

'인간은 생각하는 갈대이다'라는 말로 유명한 수학자 블레즈 파스칼도 1642년에 기계식 계산기를 발명했다. 6자리 수의 덧셈과 뺄셈을 할 수 있는 기계였다. 회계사였던 아버지를 도우려는 의도였다. 계산이라는 골칫거리로부터 벗어나 보고자 발명했다.

파스칼과 라이프니츠가 발명한 계산기

사칙연산이 가능한 계산기는 수학자 라이프니츠에 의해 발명되었다. 1673년의 일이다. 그 계산기는 곱셈과 나눗셈도 할 수 있었다. 곱셈을 덧셈의 반복으로, 나눗셈을 뺄셈의 반복으로 처리했다.

기계식 계산기는 17세기에 출현했다. 컴퓨터라는 말이 등장했던 시기인 17세기 초반과 일치한다. 계산해야 할 게 많아지면서, 계산 자체가 문제가 되던 시기였다. 과학과 수학, 상업이 발전하면서 발생한 자연스러운 현상이었다.

계산을 전담하는 사람 또는 기계가 필요해진 시대가 되었다. 그 계산을 수학자가 한다면, 수학자는 그만큼 다른 일을 할 수가 없었다. 계산은 수학자가 아니어도 할 수 있는 일이었기에, 계산을 계산 전문가 또는 기계에게 맡기고자 했다. 계산과 수학이 분리되기 시작했다.

정확한 산술 연산을 수행하는 것은 수학자의 일이 아니다.

은행 회계원의 일이다.

It is not the job of mathematicians …… to do correct arithmetical operations.

It is the job of bank accountants.

—

수학자 사무일 샤투노브스키(Samuil Shatunovsky, 1859~1939)

프로그래밍이 가능한 계산기의 등장

최초의 계산기는 사칙연산만을 다뤘다. 가장 기초적이고 단순한 기능이었다. 그 계산기는 사람이 직접 조작해야 했다. 톱니바퀴를 돌려 수를 입력하며 계산했다. 기계식 계산기이기는 했지만, 자동이 아닌 수동이었다. 여전히 사람이 개입해야 했다.

계산 과정에 사람이 개입하는 계산기에서는 오류가 많이 발생했다. 사람의 개입이란 곧 오류와 실수의 개입이었다. 데이터를 잘못 볼 수도 있고, 데이터를 잘못 입력할 수도 있었다. 사람이 개입한다면 계산 결과의 정확성을 장담하기 어려웠다. 계산 과정에서 사람이 아예 빠져야 했다.

19세기 영국의 수학자인 찰스 배비지(1791~1871)는 계산 과정에 사람이 개입하지 않는 계산기를 처음 고안했다. 어느 날 그는 천문학자인 존 허셜과 함께 계산표 두 개를 비교해봤다. 일치해야 할 두 표에는 오류가 많았다. 활용하라고 작성된 계산표가 오류투성이라는 걸 보고서 다음과 같이 한탄했다.

"허셜 씨가 컴퓨터(계산하는 사람)들이 한 계산을 가져왔고, 우리는 그 계산을 검증하는 지루한 작업을 시작했습니다. 곧 여러

영국의 수학자 찰스 배비지

개의 오류가 발견되었고, 오류가 너무나 많아 '이 계산을 할 기계가 있었으면!'이라고 내뱉을 정도였습니다."

찰스 배비지는 완전히 자동화된 계산기를 개발하고자 했다. 사람이 할 일은, 기계에게 동력을 제공하는 것과 초기에 수나 수식을 입력하는 것뿐인 계산기를 구상했다. 그는 1822년에 영국왕립학회에 그런 계획을 발표하며 지원을 요청했다.

찰스 배비지는 로그표를 만드는 계산기를 고안했다. 로그값을 사칙연산만으로 계산해내기 위해 치환을 활용했다. 로그를 다항함수로, 다항함수를 사칙연산으로 치환했다. 그 과정에서 값들의 차이인 차분을 이용했기에, 차분기관이라고 불렀다.

런던 과학박물관의 차분기관 초기의 컴퓨터는 계산기였다. 계산, 즉 연산을 정확하게 하고자 만들어졌다. 지금과 같은 컴퓨터가 되려면 도약이 필요했다. 그 도약을 또 연산이 해냈다.

차분기관은 자동화된 계산기였다. 2만 5,000개의 부품에 15톤에 달할 정도로 크고 무거웠다. 단순 계산이 아니라 로그나 삼각함수 같은 복잡한 값을 계산할 수 있는 기계였다. 구하고자 하는 값을 프로그래밍해야 했다. 하지만 안타깝게도 정부의 지원이 끊겨 구상한 기계를 완성하지는 못했다. 1991년에 영국의 런던 박물관은 설계도대로 차분기관을 만들었고, 그의 설계도가 완전했다는 걸 증명했다.

오류가 발생하기 쉽고 일관성이 없는 인간의 계산을

컴퓨터는 디지털 방식으로 바꾸도록 프로그래밍되었다.

Computers were programmed to swap out error-prone,

inconsistent human calculation with digital perfection.

—

경제학자 데이비드 아우터(David Autor, 1967~)

18

계산기에서 컴퓨터로의 도약

초기의 컴퓨터는 계산기에 불과했다. 수를 대상으로 사칙연산을 하는 정도였다. 그 계산기가 지금은 각종 정보를 다루며, 다양한 일을 척척 해내고 있다. 너무도 다른 모습이다. 그런 도약이 가능하려면 뭔가가 있어야 했다. 그것은 연산에 대한 재해석이었다.

위대한 수학자가 될 뻔했던 에이다 러브레이스

찰스 배비지의 계산 기계는 수에 한정되어 있었다. 조금 더 복잡한 계산기 정도를 고안했던 셈이다. 이 한계를 일깨워준 이가 있었다. 에이다 러브레이스였다.

에이다 러브레이스(1815~1852)는 찰스 배비지보다 나이가 훨씬 어린 여성이었다. '어느 날 아침 일어나 보니 유명해져 있었다'는 말로 유명한 영국의 낭만파 시인 조지 고든 바이런의 딸이다.

세계 최초의 프로그래머 에이다 러브레이스

귀족이었지만 여성인 관계로 정규 교육을 받지 않고, 개인교사를 통해 공부했다. 그녀를 가르쳤던 수학자인 드 모르간이 그녀에게 위대한 수학자가 될 재능이 있다고 말할 정도로 똑똑했다.

그녀는 18세 때 파티장에서 찰스 배비지를 처음 만났다. 그가 소개한 차분기관에 매료되어 이후 동료로서의 관계를 유지하며 활동했다. 그녀는 그 기계의 작동 원리와 구조를 아주 잘 이해했다. 차분기관을 더 발전시킨 해석기관에 대해서도 찰스 배비지 이상으로 잘 알았다. 그랬기에 찰스 배비지는 해석기관에 대한 논문의 번역을 그녀에게 맡겼다.

에이다 러브레이스는 세계 최초의 프로그래머로도 불린다. (아니라는 반론도 있다.) 컴퓨터 프로그램에 해당하는 기록을 남겼기 때문이다. 해석기관에 대한 번역서에 프로그램을 주석으로 달아 놓았다.

내 두뇌는 죽어서 사라지는 것 이상의 그 무엇이다.

시간이 그걸 증명해줄 것이다.

That brain of mine is something more than merely mortal;

as time will show.

—

수학자 에이다 러브레이스(Ada Lovelace, 1815~1852)

수를 넘어 정보도 연산할 수 있다!

에이다 러브레이스는 해석기관에 대한 이해에 있어서 찰스 배비지보다 앞서 있었다. 찰스 배비지는 해석기관을 수치 계산을 하는 계산기로 봤다. 그녀는 해석기관이 일반적인 정보도 처리할 수 있다는 것을 알아봤다. 숫자로만 제한했던 기계의 용도를 일반적인 정보로 확장시켰다.

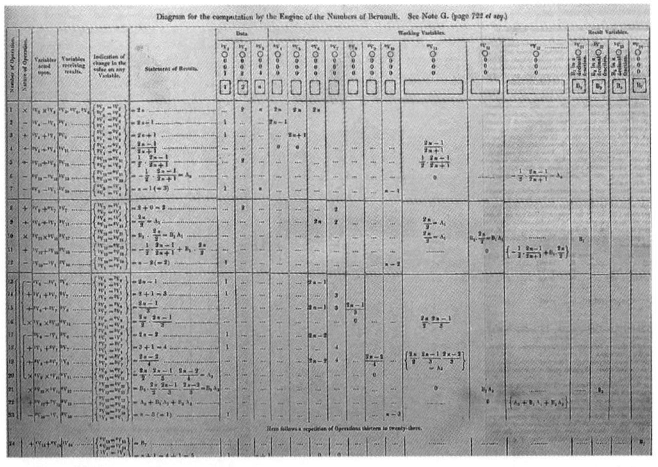

에이다 러브레이스가 남긴 알고리즘 세계 최초의 컴퓨터 프로그램이다. 베르누이 수를 계산하기 위한 알고리즘이었다. 프로그래밍 언어에서 사용되는 goto문, if문, 루프, 서브루틴 같은 프로그래밍 개념이 제시되었다.

비결은, 일반적인 정보를 수치로 바꾼다는 것이었다. 그녀는 음악을 예로 들었다. 음의 높이를 숫자로 표현해보자. 그러면 음악은 숫자들의 나열이 된다. 그 숫자는 수이므로 해석기관이 다룰 수 있다. 음악 같은 정보를 다룰 수 있다는 뜻이다. 그녀는 해석기관이 정교하고 과학적인 음악을 작곡할 수 있다고 예측했다. 그녀의 직감대로 컴퓨터는 지금 음악을 만들어내고 있다.

에이다 러브레이스는 컴퓨터 연산의 대상을 수에서 정보로 확장했다. 정보를 수로 표현하기만 하면 정보를 연산할 수 있다고 확신했다. 수학 안에서 수치 정보만 다루던 계산기가, 수를 통해 일반적인 정보를 다룰 수 있다고 주장했다. 계산기가 다재다능한 컴퓨터로 비약할 수 있는 통찰을 제공했다.

앨런 튜링, 현대적 컴퓨터의 설계도를 제시하다

찰스 배비지가 고안했던 해석기관은 지금의 컴퓨터와 구조적으로 동일했다. 입력부와 출력부가 있었고, 연산장치와 기억장치도 갖췄다. 하지만 지금의 컴퓨터는 찰스 배비지의 해석기관을 모델로 하고 있지 않다. 현대적 컴퓨터의 기원은 앨런 튜링이 제안한 튜링머신이다.

앨런 튜링(1912~1954)은 영국의 수학자이다. 그는 1936년에 튜링머신이라는 상상의 기계를 제안했다. 실제 기계가 아니라 개념으로만 존재하는 기계였다. 튜링머신을 제안한 이유는 어떤 수

튜링머신을 제안한 수학자 앨런 튜링

학 문제를 풀기 위함이었다.

당대의 수학자들은 어떤 알고리즘을 찾고 있었다. 어떤 수학 명제를 집어넣으면 그 명제의 참과 거짓을 밝혀주는 알고리즘이었다. 수학자를 대신할 수 있는 대단한 알고리즘이었다. 그런 알고리즘이 있는지의 여부를 묻는 문제를 결정문제라고 불렀다.

결정문제를 풀려면 계산이 무엇인지, 계산으로 무엇을 할 수 있는지를 알아내야 했다. 왜냐하면 알고리즘이란 결국 계산이기 때문이다. 기계가 몇 가지의 동작을 결합하여 작동하듯이, 알고리즘이란 몇 가지 규칙을 기계적으로 조합하는 것과 같다.

튜링은 계산의 정의를 제시하지 않고, 계산에 따라 움직이는 가상의 기계를 제안했다. 그 기계가 결정문제를 풀 수 있는지 알아보려고 했다. 튜링머신은 그렇게 등장했다.

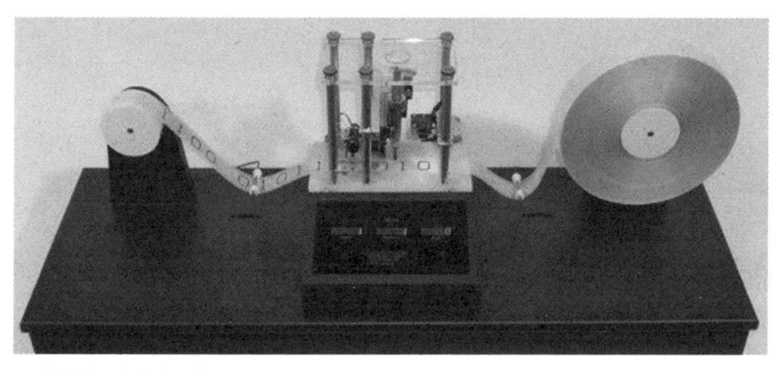

튜링머신을 실제 만들어본 모습 튜링의 설계도대로 만들어본 튜링머신의 모습이다. 테이프, 헤드, 상태기록기, 작동규칙표로 구성되었다. 가상의 기계였던 튜링머신은 컴퓨터로 현실화되었다.

튜링머신은 계산이 현실화된 기계였다. 계산 자체였다. 계산으로 할 수 있는 일이면 튜링머신도 할 수 있었다. 역도 성립했다. 튜링머신이 하는 건 계산 가능했고, 튜링머신이 못하는 것은 계산 불가능했다.

튜링은 튜링머신을 통해 결정문제에 대한 결론을 내렸다. 명제의 참 또는 거짓을 밝혀줄 수 있는 알고리즘은 존재하지 않는다는 게 그의 결론이었다. 계산만으로는, 계산 같은 방식으로는 모든 명제의 참과 거짓을 밝혀낼 수 없었다.

현대적 컴퓨터의 전신인 튜링머신은 계산 기계, 즉 연산 기계였다. 가상의 기계였지만 수학자가 엄밀하게 고안한 기계였기에, 현대적 컴퓨터의 모델이 되기에 손색이 없었다. 그 기계를 통해 튜링은 연산의 가능성과 한계를 보여줬다.

계산은, 유한하게 기술할 수 있는 규칙을 따르는 프로세스이다.

A computation is a process that obeys finitely describable rules.

—

수학자 루디 루커(Rudy Rucker, 1946~)

컴퓨터가 하지 못하는 일이 있다!

무한히 많은 종류의 튜링머신이 가능하다! 튜링의 결론이다. 튜링머신에서 기호와 문자, 숫자, 작동 규칙은 한정되어 있다. 그 요소들을 결합하여 프로그래밍한다. 각 요소를 수로 표현한다면, 어떤 일을 하는 튜링머신 A는 기나긴 수열로 표현될 것이다. 튜링머신 하나는 수열 하나와 대응한다.

우리는 수열을 무한히 많이 만들어낼 수 있다. 기호와 문자, 숫자, 작동 규칙의 개수는 제한되어 있어도 그 요소들로 이뤄진 수열을 무한히 만들 수 있다. 그런데 그 수열 하나하나는 서로 다른 튜링머신이다. 무한히 많은 수열이 가능하다는 것은, 무한히 많은 종류의 튜링머신이 가능하다는 뜻이다.

튜링머신으로 할 수 있는 일은 무한히 많았다. 계산만으로도 무한히 많은 일을 해낼 수 있었다. 튜링머신의 역량을 알아본 튜링은 기계가 사람처럼 생각하는 시대가 올 것이라고 예측했다. 체스를 둔다거나, 음악을 만든다거나, 언어를 번역한다거나 하는 일을 해낼 수 있을 거라고 했다. 그 예측은 이미 현실화되었다. 수학을 통해서 미리 내다본 것이었다.

그러나 튜링머신에는 한계가 있었다. 튜링머신으로는 할 수 없는 일이 있었다. 결정문제가 바로 그런 문제였다. 무한히 많은 일을 할 수 있는 튜링머신이지만, 할 수 없는 일이 분명히 존재하는 튜링머신이었다. 튜링은 이 사실을 수학으로 증명했다.

튜링머신의 한계는 곧 컴퓨터의 한계다. 또한 계산의 한계다. 컴퓨터로는, 계산만으로는 할 수 없는 일이 존재한다. 자연수가 무한하다지만, 실수의 무한보다는 더 작다는 사실과 같다. 이 사실이 실제 증명에도 활용되었다.

만능기계로서의 컴퓨터!

튜링은 튜링머신이 만능기계가 될 수 있다는 것을 간파했다. 튜링머신 한 대로 다른 튜링머신이 하는 일을 모두 흉내 낼 수 있다는 것이었다. 튜링머신 A가 튜링머신 B, 튜링머신 C, 튜링머신 D가 하는 일을 흉내 낼 수 있다. 흉내 낸다는 건 그 일을 해낸다는 뜻이다.

무한히 많은 일을 해내기 위해서 무한히 많은 튜링머신이 필요한 건 아니다. 튜링머신 한 대면 어떤 튜링머신이 하는 일이건 해낼 수 있다. 한 대만 있으면 충분했다. 튜링머신은 만능기계였다. 계산 가능한 일이라면 어떤 일이든 해낼 수 있었다. 프로그래밍이 그걸 가능하게 했다.

컴퓨터는 만능기계라는 사실이 밝혀졌다. 하나의 일만 하는 게 아니라, 프로그램만 바꾸면 다른 일을 할 수 있다. 지금의 컴퓨터가 보여주는 모습 그대로다. 튜링은 이 모든 사실을 20세기 중반에 이미 알아냈다. 계산에 대한 탐구를 통해서다. 튜링을 거치면서 계산기는 컴퓨터로 비약했다. 컴퓨터는 계산기보다 뛰어난 기계가 아니라, 계산을 뛰어나게 잘하는 계산 기계이다.

나는 '계산이 우리가 보는 것들을 근본적으로
어떻게 발전시킬 수 있는가?' 하는 질문에 항상 관심이 많았다.
이로 인해 의료 영상, 특히 MRI와 스캐닝,
그리고 결국에는 컴퓨터 그래픽에 매료되었다.

I've always been very interested in the question of how computation can fundamentally advance the things that we can see. This led me to have a fascination with medical imaging, especially things like MRI and scanning, and eventually computer graphics.

—

컴퓨터과학자 렌 응(Ren Ng, 1979~)

19

인공지능의
새 시대를 열다

연산은 컴퓨터 탄생의 배경이자 이유였다. 그렇게 해서 탄생한 컴퓨터는 어느 사람, 어떤 기계보다 빠르고 정확하게 연산을 해냈다. 사람들은 연산의 부담에서 해방되었다. 그뿐만이 아니다. 연산은 차가운 겨울을 보내고 있던 인공지능이 부흥기를 맞이하도록 해줬다.

>

인공지능, 연산에 막히다

인공지능에 대한 연구는 1940년대부터 시작되었다. 연구를 거듭하던 인공지능은 1970년대에 첫 번째 암흑기를 맞이했다. 방법론 때문이었다. 이때까지 인공지능을 만드는 방법은 전문가 시스템이었다. 인공지능을 그 분야의 전문가로 만들고자 했다. 각종 지식과 규칙을 습득하게 해 문제를 해결하도록 했다. 하지만 그럴 수 없다는 게 곧 명백해졌다. 처리해야 할 문제가 워낙 복잡해 인공지능을 전문가로 만든다는 게 사실상 불가능했다.

이 문제점에 대한 대안으로 1980년대에 신경망이 부활했다. 인공지능을 사람의 두뇌처럼 경험을 통해서 학습시키자는 것이었다. 지식이나 규칙을 알려줘서 문제를 해결하는 게 아니었다. 데이터를 제공해 인공지능이 적절한 해결책을 스스로 찾도록 했다. 그러기 위한 구체적 방안이 신경망이었다.

신경망이 새로운 대안으로 떠올랐으나 해결되지 않는 문제점이 있었다. 인공지능을 학습시킬 수 있는 데이터가 턱없이 부족했다. 그리고 컴퓨터의 연산 능력도 문제였다. 신경망을 통해 데이터를 처리하려면 엄청난 연산 능력이 요구되었으나 기술이 그만큼 발달해 있지 않았다. 데이터와 연산 능력에 막혀 인공지능은 두 번째 암흑기를 보내야 했다.

나는 인공지능이 작동하도록 하는 유일한 방법은,

인간의 두뇌와 유사한 방식으로 계산을 수행하는 것이라고

항상 확신해왔다. 그것이 내가 추구해온 목표다.

뇌가 실제로 어떻게 작동하는지에 대해 배울 것이 많지만,

우리는 발전하고 있다.

I have always been convinced that the only way to get artificial

intelligence to work is to do the computation

in a way similar to the human brain.

That is the goal I have been pursuing.

We are making progress, though we still have lots to learn about

how the brain actually works.

—

컴퓨터과학자 제프리 힌턴(Geoffrey Hinton, 1947~)

연산으로 인공지능의 새 시대를!

인공지능이 만들어낸 고양이 이미지들
(출처: https://thesecatsdonotexist.com/)

고양이 이미지들이다. 인터넷에서 흔히 볼 수 있는 이미지 같다. 하지만 이 이미지들은 진짜 고양이를 찍은 사진이 아니다. 인공지능이 만들어낸 가짜 이미지들이다. 진짜처럼 보이지만 가짜 이미지들이다. 인공지능은 이 정도로 고양이의 모습이나 특징을 잘 간파하고 있다. 인공지능이 이미지나 음성, 영상 등을 인식하는 수준은 사람보다 나은 정도에 이르렀다.

2012년에 구글은 역사적인 사건을 일으켰다. 인공지능 프로그램을 3일 동안 천만 개의 유튜브 섬네일에 노출했다. 사람이나 고양이를 얼마나 잘 찾는지를 보기 위해서였다. 그 결과 사람 얼굴에 대한 인식 정확도는 81.7%, 고양이 인식 정확도는 74.8%였다. 유튜브에서 인간이 하는 일을 인공지능도 똑같이 할 수 있었다.

구글은 인공지능이 이미지를 잘 인식할 수 있도록 특별한 시스템을 구축했다. 1만 6,000개의 컴퓨터 프로세서로 10억 개의 연결을 가진 망이었다. 그 망을 통해 각 이미지의 픽셀 데이터를 처리해 대상을 분류했다. 심층신경망이라고 하는데, 딥러닝의 알고리즘에서 사용되는 것이다.

딥러닝은, 기계가 스스로 학습할 수 있도록 훈련시키는 머신러닝의 한 방법이다. 어떤 이미지가 제공된다고 하자. 이미지의 각 픽셀에 대한 데이터가 입력층으로 입력된다. 그 데이터를 분석해, 그 이미지가 무엇인지를 출력층에 제시한다. 고양이인지 사람인지를 말해준다.

입력층에 들어온 데이터는 중간의 은닉층을 거친다. 숨겨져 있다 하여 은닉층이다. 입력된 각 데이터가 여러 단계의 중간 처리 과정을 거친다. 각 픽셀의 특성이나 픽셀 간의 관계를, 단계를 밟아가며 총체적으로 파악한다. 단계가 많을수록 데이터에 대한

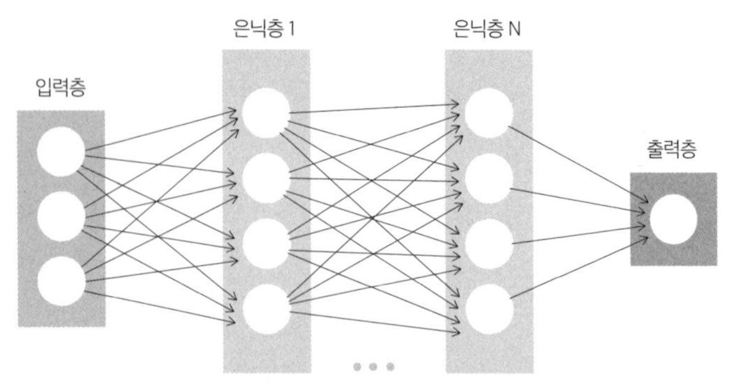

딥러닝의 인공신경망 구조도

분석은 깊어진다. 그래서 딥러닝이다. 중간의 은닉층을 통해 데이터를 심층적으로 분석하기 때문이다.

딥러닝에는 무수히 많은 연결이 존재한다. 각 연결을 통해 데이터를 주고받는다. 그 데이터들을 연산한다. 중간 은닉층의 개수도 많다. 그만큼 연산량이 많아진다. 그 연산을 통해 최종적인 결론을 얻는다. 연산에 연산을 거쳐 결과가 도출된다. 딥러닝은 연산의 산물이다.

인공지능에게 날개를 달아준 연산

연산은 인공지능의 새 시대를 열었다. 한계에 가로막혀 있던 인공지능에게 새 길을 열어주었다. 검색엔진을 통해 데이터가 많아지고, 필요한 연산을 감당할 수 있는 기술이 발달된 덕분이다.

지금 인공지능은 영역을 가리지 않고 확장 중이다. 이미 일상화된 기술도 많다. 외국인과 대화를 하거나 해외여행을 갈 때는 번역기 프로그램을 사용한다. 혼자 심심할 때는 인공지능 스피커와 대화하며 기분을 좋게 해줄 음악을 틀어달라고 한다. 음악을 만들어주고 그림을 그려주는 사이트를 방문해 엔터키를 눌러가며 작품을 감상한다.

인공지능의 무한한 가능성을 어디서나 말한다. 인공지능의 부흥기다. 인간의 지능을 뛰어넘는 특이점이 언제 올 것인가를 놓고 설왕설래한다. 연산이 이런 부흥기를 가능하게 했다. 사물이나 현상에 대한 특별한 통찰이 없어도 별로 문제될 게 없다. 데이터를 집어넣고 연산을 해버리면 된다. 연산을 바탕으로 한 알고리즘만으로도 훌륭한 성과를 얻을 수 있다.

연산 능력을 향상시키기 위한 각고의 노력이 이어지고 있다.

3진법 반도체란?

2진법		3진법
0, 1	정보처리	0, 1, 2
1000	소비전력	1 (초절전)
100	소자	60 (소형화)
느림	처리속도	빠름 (소형화)

3진법 반도체 2019년에 우리나라에서 3진법 반도체 기술을 구현했다고 한다. 3진법 반도체는 상태가 3개다. 더 많은 정보를, 더 작은 용량으로 처리할 수 있다. 연산 능력과 속도를 향상시킬 수 있어 인공지능 시대의 반도체로 주목받고 있다.

ETRI가 개발한 NPU보드(2021년 12월) 그래픽처리장치(GPU) 성능을 능가하는 신경망처리장치(NPU) 기반 인공지능 반도체를 국내 연구진이 개발했다. 서버 1개당 1초에 5,000조 회의 연산이 가능하단다. GPU 기반에 비해 연산 성능은 4배, 전력효율은 7배 좋단다.

연산 능력이 업그레이드된 반도체가 개발 중이다. CPU(Central Processing Unit)를 넘어 GPU(Graphics Processing Unit)가, GPU를 넘어 NPU(Neural Processing Unit)가 언급된다. 자고 일어나면, 뛰어난 성능의 반도체나 기술이 출현했다는 뉴스가 속속 보도된다. 컴퓨터의 하드웨어 자체를 바꿔보려는 시도도 있다. 2진법이 아닌 3진법이나 4진법을 활용하는 컴퓨터도 개발 중이다. 양자 현상을 활용해 작동하는 양자컴퓨터에 대한 연구도 이어지고 있다.

양자 계산은 (……) 자연을 활용하는 독특하고 새로운 방법이다.
(……) 이것은 평행우주 간의 협력으로 유용한 작업을 수행할 수 있는
최초의 기술이 될 것이다.

Quantum computation is …… a distinctively new way of harnessing nature
…… It will be the first technology that allows useful tasks to be performed
in collaboration between parallel universes.

—

물리학자 데이비드 도이치(David Deutsch, 1953~)

나가는 글

어떻게 문제를 풀어나갈지 막막하다면?

Shut up and calculate!

닥치고 계산이나 하라고요? 언뜻 보기에는 상당히 강압적인 말 같습니다. 질문 따위는 전혀 허락하지 않고, 할 일이나 어서 하라며 몰아대는 분위기입니다. 인생에서 공부 말고 중요한 게 얼마나 많은지 아냐며 대드는 자식에게, 잔소리 말고 공부나 하라는 엄마의 말씀 같기도 합니다.

물리학자인 데이비드 머민(David Mermin)이 한 말입니다. 양자역학을 한마디로 줄여보라는 요구에 대한 그의 답변이었죠. 양자역학의 주장이 괴상하다며 수근대며 비판하는 사람들이 많았습니다. 기존 물리학의 이론과 맞지 않는 게 많았거든요. 빛은 입자이면서 파동이라든가, 양자는 확률적으로 분포한다든가 하는 주장들이었죠. 그래서 불신과 비판의 말들이 많았습니다.

그에 대해 양자역학은 말했습니다. '양자역학의 주장이 이상하게 들린다는 걸 안다. (우리한테도 이상하거든.) 하지만 그렇게 틀렸다고 말만 하지 말고, 계산을 직접 해봐라'고 말입니다. 그러면 양자역학이 틀린 게 아니라, 미시세계의 자연현상을 제대로 기술하고 있다는 걸 알 수 있다고 했죠. 계산 또는 연산의 중요성을 강조했던 겁니다.

Shut up to calculate!

가끔 일을 하다 보면 말만 무성한 경우가 있습니다. 그러더라도 일이 진행되어간다면야 괜찮죠. 하지만 대부분 일을 시작도 못해보기 일쑤입니다. 생각하는 바가 너무 달라 어느 하나를 선택조차 할 수가 없어집니다. 이 방법이 좋다, 저 방법이 좋다 하다가 날 새버립니다.

어떻게 문제를 풀어가야 할지 막막할 때 연산을 활용해보는 것도 좋은 방법이라고 생각합니다. 그 현상과 관련된 수를 뽑아내어 그 수들을 이리저리 연산해보는 거죠. 그러면 해결책이 보이는 경우가 많습니다. 양자역학의 말마따나 'Shut up and calculate' 해보는 겁니다.

(인간적인 자존심이 있기에) 모든 문제를 연산으로 풀어가보라고는 못하겠습니다. 하지만 연산을 통해 문제를 해결해가는 방법이 효과적이라는 것은 분명합니다. 생각하는 바가 너무 달라 선뜻 합의하지 못하는 경우에 특히 유효합니다. 그래서일까요? 연산을 통해 해결책을 모색해가는 방법은 갈수록 자연스럽게 자리 잡고 있습니다.

연산을 활용하는 프로그램이 갈수록 많이 등장합니다. 사용법도 쉬워집니다. 주어진 대로만 하는 게 아니라 변경해보는 것도 가능합니다. 창의성을 발휘해서 재미있고 유쾌하며 인간적이기까지 한 연산을 만들어낼 수도 있습니다.

연산해보기 좋은 시절입니다. 전문가들만이 활용했던 방법론을 누구나 써먹어볼 수 있는 세상입니다. 누구 말이 옳은지 따지며 시간을 흘려보내기보다 연산을 해보는 건 어떨까요? 생각이 너무 많아서 혹은 생각이 전혀 없어서 말만 무성할 때 제안해보세요. 계산해보게 입 좀 닥쳐봐! Shut up to calculate!

"Mathematics is
about understanding."

청소년을 위한 즐거운 공부 시리즈

청소년을 위한 사진 공부

사진을 잘 찍는 법부터 이해하고 감상하는 법까지

홍상표 지음 | 128×188mm | 268쪽 | 13,000원

20여 년을 사진작가로 활동해온 저자가 사진의 탄생, 역사와 의미부터 사진 촬영의 단순 기교를 넘어 사진으로 무엇을, 어떻게 소통할지를 흥미롭고 재미있게 들려주는 책이다.

책따세 겨울방학 추천도서

청소년을 위한 시 쓰기 공부

시를 잘 읽고 쓰는 방법

박일환 지음 | 128×188mm | 232쪽 | 12,000원

시라는 게 무엇이고, 사람들이 왜 시를 쓰고 읽는지, 시와 일상은 서로 어떻게 연결되고 있는지, 실제로 시를 쓸 때 도움이 되는 이론과 방법까지 쉽고 재미있게 풀어내는 책이다.

행복한아침독서 '함께 읽어요' 추천도서

청소년을 위한 철학 공부

열두 가지 키워드로 펼치는 생각의 가지

박정원 지음 | 128×188mm | 252쪽 | 13,000원

시간과 나, 거짓말, 가족, 규칙, 학교, 원더랜드, 추리놀이, 소유와 주인의식, 기억과 망각 등 우리 삶과 떼려야 뗄 수 없는 주제들로 독자들이 흥미롭고 재미있게 철학에 접근할 수 있도록 펴낸 길잡이 책이다.